# 住宅设计解剖书

## 家具与材料设计法则

（日）X-Knowledge　编

刘 峰　译

江苏凤凰科学技术出版社

**住宅室内装潢的六大新潮流** ⋯⋯⋯⋯⋯⋯⋯⋯⋯ 005

潮流的王道：咖啡厅风格 ⋯⋯⋯⋯⋯⋯⋯⋯⋯⋯⋯ 005

空间是中性的，家具是"调味品" ⋯⋯⋯⋯⋯⋯⋯⋯⋯ 006

即使粗野一些，也要使用那些能够彰显底蕴的素材 ⋯⋯⋯⋯⋯ 007

以灰色调调和墙壁 ⋯⋯⋯⋯⋯⋯⋯⋯⋯⋯⋯⋯⋯ 008

打造硬质空间，选用硬质家具和门窗 ⋯⋯⋯⋯⋯⋯⋯⋯ 009

不过分强调细节 ⋯⋯⋯⋯⋯⋯⋯⋯⋯⋯⋯⋯⋯⋯ 010

# 1章 发挥装潢作用的 家具规则

家具规则 ⋯⋯⋯⋯⋯⋯⋯⋯⋯⋯⋯⋯⋯⋯⋯ 011

家具是生活的道具 ⋯⋯⋯⋯⋯⋯⋯⋯⋯⋯⋯⋯⋯ 012

家具与空间的密切关系 ⋯⋯⋯⋯⋯⋯⋯⋯⋯⋯⋯⋯ 020

不追求布局清晰、明确的空间 ⋯⋯⋯⋯⋯⋯⋯⋯⋯⋯ 024

可分离也可固定的家具！通过收纳单元营造可随意变化的空间 ⋯⋯⋯ 028

从今以后改变住宅的就是这种家具！！家具的新潮流 ⋯⋯⋯⋯⋯ 032

以半定制家具营造一体化的家具与住宅（ACTUS 家具店）⋯⋯⋯ 036

业主喜欢以组合家具设置空间内部装潢的提案（RIVER GATE 家具店）038

吃饭、家人聚会都在一张桌子上（UNICO 家具店）⋯⋯⋯⋯⋯ 040

# 2章 风格各异的室内装潢 和家具设计

和家具设计 ⋯⋯⋯⋯⋯⋯⋯⋯⋯⋯⋯⋯⋯⋯ 041

**细腻地解析引领设计潮流的简约时尚风格** ⋯⋯⋯⋯ 042

01 被书架围合的简约客厅 ⋯⋯⋯⋯⋯⋯⋯⋯⋯⋯⋯ 042

02 以结构作为设计重点的空间 ⋯⋯⋯⋯⋯⋯⋯⋯⋯⋯ 043

03 简约、时尚的和室 ⋯⋯⋯⋯⋯⋯⋯⋯⋯⋯⋯⋯ 044

04 在地板加工中使用 PVC 薄膜 ⋯⋯⋯⋯⋯⋯⋯⋯⋯ 044

05 能灵活使用的土间 ⋯⋯⋯⋯⋯⋯⋯⋯⋯⋯⋯⋯ 045

06 使外露结构看起来整洁 1 ⋯⋯⋯⋯⋯⋯⋯⋯⋯⋯ 046

07 使外露结构看起来整洁 2 ⋯⋯⋯⋯⋯⋯⋯⋯⋯⋯ 048

08 让木板看起来清爽 ⋯⋯⋯⋯⋯⋯⋯⋯⋯⋯⋯⋯ 049

09 地板和楼梯踏板的材料相同 ⋯⋯⋯⋯⋯⋯⋯⋯⋯⋯ 050

10 结构和家具一体化 ⋯⋯⋯⋯⋯⋯⋯⋯⋯⋯⋯⋯ 051

**以新颖的木材使用方法营造全新的日式风格** ⋯⋯⋯⋯⋯ 052

01 开放又沉稳的日式客厅 ⋯⋯⋯⋯⋯⋯⋯⋯⋯⋯⋯ 052

02 整洁、利落的日式用水空间 ⋯⋯⋯⋯⋯⋯⋯⋯⋯⋯ 054

03 广泛使用各种木材的玄关 ⋯⋯⋯⋯⋯⋯⋯⋯⋯⋯ 056

**04** 与凉台相连的整洁的客厅 · · · · · · · · · · · · · · · · · · · · · · · · · · · · · · · 057

**05** 减少使用清水混凝土的木材装饰 · · · · · · · · · · · · · · · · · · · 058

**06** 日式风格的装饰架 · · · · · · · · · · · · · · · · · · · · · · · · · · · · · · · · · · 059

**07** 赋予客厅宽松感的固定沙发 · · · · · · · · · · · · · · · · · · · · · · · 060

**08** 赋予空间庄重感的厚重家具 · · · · · · · · · · · · · · · · · · · · · · · 061

**09** 作为主流的现代和室装修风格 · · · · · · · · · · · · · · · · · · · · 062

**10** 活用"临摹"手法 · · · · · · · · · · · · · · · · · · · · · · · · · · · · · · · · · · 064

**11** 休闲和室的构成 · · · · · · · · · · · · · · · · · · · · · · · · · · · · · · · · · · · 066

**12** 与榻榻米相连的现代风格空间 · · · · · · · · · · · · · · · · · · · · · 068

**13** 融入民俗艺术的现代风格"和式"用水空间 · · · · · · · · 069

## 诠释底蕴深厚的自然风格 · · · · · · · · · · · · · · · · · · · · · · · · · · · 070

**01** 活用房屋中的梁 · · · · · · · · · · · · · · · · · · · · · · · · · · · · · · · · · · · 070

**02** 浓郁的木质结构感 · · · · · · · · · · · · · · · · · · · · · · · · · · · · · · · · 071

**03** 以采光天窗照亮一楼的客厅 · · · · · · · · · · · · · · · · · · · · · · · 072

**04** 以固定的家具装饰客厅 · · · · · · · · · · · · · · · · · · · · · · · · · · · · 073

**05** 摆放拥有纵向隔扇的组合式家具的客厅 · · · · · · · · · · · 074

**06** 镶嵌瓷砖的用水空间 · · · · · · · · · · · · · · · · · · · · · · · · · · · · · · 075

**07** 在窗边放置长桌子的客厅 · · · · · · · · · · · · · · · · · · · · · · · · · 076

**08** 兼具电视桌和厨房的组合式家具 · · · · · · · · · · · · · · · · · · 077

**09** 装潢客厅时，还必须考虑到各种木材本身的性状区别 · · · · · 078

**10** 像餐具架一样的厨房 · · · · · · · · · · · · · · · · · · · · · · · · · · · · · · 079

**11** 风格自然的洗漱台 · · · · · · · · · · · · · · · · · · · · · · · · · · · · · · · · 080

**12** 以瓷砖装饰玄关 · · · · · · · · · · · · · · · · · · · · · · · · · · · · · · · · · · 080

**13** 用 J 面板制成的矮桌 · · · · · · · · · · · · · · · · · · · · · · · · · · · · · · 081

**14** 从柱子中伸出的电视机搁板 · · · · · · · · · · · · · · · · · · · · · · · 083

**15** 充分利用非对称的书架 · · · · · · · · · · · · · · · · · · · · · · · · · · · · 083

## 解读通过润饰和物品选择凸显品位的
## 加利福尼亚风格 · · · · · · · · · · · · · · · · · · · · · · · · · · · · · · · · 084

**01** 充分彰显家具品位的空间 · · · · · · · · · · · · · · · · · · · · · · · · · 085

**02** 拥有土间的加利福尼亚风格的餐厅和厨房 · · · · · · · · · · 086

# 3章 室内装潢和家具
# 的差别化创意 · · · · · · · · · · · · · · · · · · · · · · · · · 087

结构

设法使外露结构显得更加轻巧 · · · · · · · · · · · · · · · · · · · · · · · 088

使结构和谐地融入空间 · · · · · · · · · · · · · · · · · · · · · · · · · · · · · · 090

由钢和木材制成的精致而富有生命力的楼梯 · · · · · · · · · · · 092

润饰

业主也可参与的水刷石施工工序 ........................... 094

年代感十足的水刷土墙 ................................... 095

用柳安木将地板和楼梯连接起来 ........................... 096

以白色涂漆涂抹外露结构，营造适度的稀疏感 ............... 097

装修

给空间带来阴影的天花板格栅 ............................. 098

突出木质结构，提高使用便利性 ........................... 100

展现切面的 J 面板桌子 ................................... 101

赋予空间丰富变化的可移动式凳子 ......................... 102

利用凸窗的固定凳子 ..................................... 103

由柱廊构成的曲线形隔断墙 ............................... 104

家具

具有复古气息的大桌子 ................................... 106

活用复古元素的墙壁收纳 ................................. 107

能够清晰地看到桌子支脚 ................................. 108

由椴木胶合板和实木制成的椅子 ........................... 110

由胶合板和铁制成的桌子 ................................. 111

厨房

定制宜家厨房 ........................................... 112

使用宜家制品，使厨房极具个性化 ......................... 113

厨房采用与地板相同的天然木板 ........................... 114

改变门的结构，可以在很大程度上改变空间氛围 ............. 115

收纳空间

便宜而富有自然风味的洗漱台 ............................. 116

活用宜家制品的墙壁收纳 ................................. 118

安放在空隙中的固定沙发和收纳柜 ......................... 120

高效地利用柱间空间的杂志架 ............................. 121

厨房操作台前面的陈列收纳 ............................... 122

# 4章 合理利用现有建材，使室内装潢看起来更好 .......... 123

由相同花纹的装饰材料和制作材料打造的精致空间 ............. 124

各种现成品自然且质朴，与家的品位相得益彰 ............... 129

以格子玻璃和木质门营造怀旧而可爱的气氛 ................. 132

以高级胶合板地板营造高档的空间 ......................... 134

# 住宅室内装潢的六大新潮流6

住宅室内装潢的新潮流为咖啡厅风格。通过简约的设计，即使是新建的住宅，也能令人感受到时光的流逝。本书对这些简约设计的基本技巧进行了总结。

监修：村上建筑设计室

关键在于灰白色调的运用和让人感受到时光流逝的木材质感。

有些粗犷但质感厚重的地板木材是最好的。

天花板要简约，可使用灯轨和聚光灯

采用木质门窗

使用灰浆等可以营造富于变化的灰白色。如果使用护墙板，也基本上要全部涂成灰白色

地板要使用质感厚重的木地板，也可以使用复古材料或灰浆进行润饰

## *trend* 01  潮流的王道：咖啡厅风格
灰白色的天花板和墙壁淡化了地板、木质门窗和进深浅的装饰架的存在感

必须放置怀古风格的灯罩

必须放置进深浅的装饰架。可以使用复古材料和质感厚重的纯木材料，也可以使用冶炼风格的物品，以凸显金属支架

装饰架映衬着灯光，装饰架可采用质感厚重的白色木材。

从照片中看不出是压花玻璃

现在当然也要使用曾经被广泛使用的柳安材料

那些质感厚重的木质门窗是装饰住宅的最佳元素。

最近比较流行使用陶器吊坠装饰空间的装饰手法

吊坠是由金属或陶器等坚硬的素材制成的简单的物品，适当地体现工艺感。

005

略微彰显日式风格特色。早期的现代日
式住宅也颇受业主欢迎。

通过改变家具装饰即可转换室内风格，比
起购买新的家具，更能节省开销。

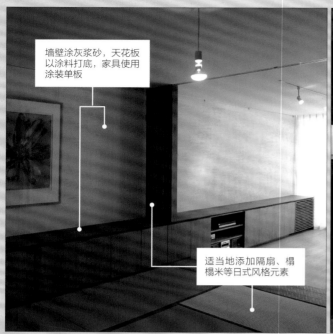

墙壁涂灰浆砂，天花板
以涂料打底，家具使用
涂装单板

适当地添加隔扇、榻
榻米等日式风格元素

以不同的沙发面料营造
空间氛围

## 空间是中性的，家具是"调味品"

空间好比清汤，而家具和面料就如同调味品，以彰显业主的个性

*trend* 02

通过老式家具、窗帘
和地毯的搭配，展现
个性

以杉木地板和喷漆墙
营造中性空间

考虑到与 20 世纪中叶家
具风格的融合，采用胡桃
树材质的薄板制成的装饰
架会比较合适。如果以此空
间为分析案例，那么其特
点就是"看上去是端正的"

选材具有质感，空间设计宽敞明亮。

作为"具有抑制效果的底蕴空间"，伊姆斯设计
的住宅也容易成为装潢的对象。

右上图：光丘的琭百合住宅，左上图：大仓山的阿修住宅，右下图：K 工作室，左下图：Wakaba-house（设计、图片提供：村上建筑设计室）

能够承受人反复行走的纯木地板才是业主最爱的装饰材料。木块拼花风格的铺设方法依旧人气十足。

暗灰色的针叶树地板人气十足，复古材料的选用恰到好处。

使用常见的拼花地板满足了委托人的要求

除照片中所示宽度不一致的复古材料外，残留有明显木材加工痕迹的、参差不齐的地板也是人气十足的

## trend 03 即使粗野一些，也要使用那些能够彰显底蕴的素材

最近，委托人对素材的主要衡量标准是质感的高低。即使有些粗野也没有关系，质感才是重要的

在营造材料的底蕴时，"水洗"这个步骤是非常重要的

在选用硬质地板时，要求使用灰浆进行装饰的委托人正逐渐增加。如图片中所示的改装中，P 瓷砖的剥离痕迹情趣十足

作为地板加工的方法，"水洗"依旧人气十足，以碎石的种类和密度改变其风貌。

追求实用主义的委托人喜欢以灰浆装饰住宅。特别是在公寓翻新时，喜欢这种风格的委托人越来越多。

图片提供：村上建筑设计室

高光墙以低饱和度的灰色调调和整体空间。带颜色的灰浆，质感厚重、自然度和饱和度低，容易达到统一的效果。砂质乳胶漆也可以营造良好的空间氛围。

使用有色环保材料打造而成的高光墙。由于自然度和饱和度都降低了，所以泥瓦匠容易对其进行调和

通过降低色彩饱和度调节空间氛围，与间接照明搭配协调

降低饱和度的话，就容易调和空间，而且可以与间接照明很好地相融

在高光墙上嵌入小方砖和压花玻璃等，这些具有怀古意象的素材也是不错的选择

## 以灰色调调和墙壁

### 在"感受到时光流逝的简约设计"的具体化方面，基本上使用平淡的颜色

*trend* 04

如果将厚重的基础色用作高光色，也会达到很好的平衡效果

墙壁和天花板作为空间背景，如果以灰色为基础色，可以很好地提升空间质感

如果基础色是灰色系而非白色系或米色系，整个空间会呈现一种和谐之美。

右上、右中图：Nico-house，左上图：光丘的泉百合住宅，左中图：药园台的樱花屋（设计、图片提供：村上建筑设计室），下图提供：波特涂料

此图为右侧图片的细节展示。自然的形状使木材具
有强烈的素材感，同时与简约的布置相得益彰。

作为空间元素的重点，洋溢着浓郁的自然气息的木
材是最适合的。设计者想亲自选择材料。

在简约的白色空间
的某一处放置极具
素材感的家具和书
架，使其更加美观

木材边缘具有很
强的素材感

## 打造硬质空间，选用硬质家具和门窗
### 在硬质空间中布置家具和门窗时，必须保证素材的强度一致

*trend* 05

由水曲柳木板
制成的门窗与
隔扇

由极具存在感的
砖墙与由水曲柳
木板制成的门窗
与隔扇相得益彰

在同类素材中，玻璃
和铁等工业素材的巧
妙搭配，能够在灰暗
的空间中营造强烈的
紧张感

仅仅将强化玻璃的顶板
覆在毛毡的上面。由于
自重，不会发生偏移，
也不需要密封，所以这种
方法很有效

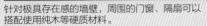
针对极具存在感的墙壁，周围的门窗、隔扇可以
搭配使用纯木等硬质材料。

在清水混凝土中加入兼具均质性和素材感的材
料，可以提升紧张感。

右上、左上图：Nico-house。右下图：大仓山的阿修住宅（设计、图片提供：村上建筑设计室）

自然、质朴的空间设计充分体现了木材的质感，简洁且细腻

## 不过分强调细节

如何使硬质材料看上去轻巧、柔软？如何赋予又大又重的箱子厚重的细腻感？这些巧妙的构思能够极大地提升空间的艺术品质

为了突出顶板和副板的横断面，使其看起来更加清晰，竖框要缩回一些

容易取出物品的格子做成全开的，下面则做成抽屉

与放置床的空间平缓地分隔开来，书架兼具隔断功能。

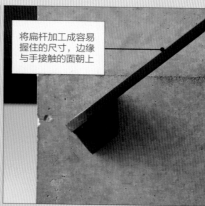

将扁杆加工成容易握住的尺寸，边缘与手接触的面朝上

由安装在清水混凝土墙壁上32 mm×12 mm的扁杆组成的扶手。

上方、右下图: mimosa-house, 左下图: 白金的红木屋（设计、图片提供: 村上建筑设计室）

# 1 章

# 发挥装潢作用的
# 家具规则

在第一章中，关于空间与家具之间的关系，笔者分别请教了建筑设计、室
内设计、装潢设计三个领域的专家。在后半部分，无印良品之家负责人针
对室内家具装饰技巧、今后住宅和家具理想的布局状态以及最新的家具定
制情况进行了详细的介绍。

# 家具是生活的道具

家具和住宅的一体化是……

## 小泉诚 （设计师）

作为设计师的小泉诚曾经说过："家具和住宅是相互接近的存在。"
而现代住宅，各自好像"独行者"一般，存在着违和感。笔者询问了
小泉诚关于其所思考的家具与空间的关系。

采访撰文：本间美纪 摄影：渡部实佳子（P12—15）内容提供与参与（P16—18）

## 功能和设计感兼具的人气十足的家具

人气十足的家具是"功能与设计感完美结合的产物"。左图是设计师仓俣史朗的作品——凳子，其外观简约，人坐在上面很有弹性。右图为高山地区的药橱，兼具分类整理的功能与网格的精巧之美。

"家具是生活的道具。每一间房子都是道具的集合体。而住宅没有必要独行。"设计师小泉诚是这样认为的。他不仅拥有自己的家具店、商品店和设计工作室，在设计界、家具厂商和建筑公司中也广为人所知。这是因为"制造的人和使用的人之间是有关联的"。无论什么样的工作都有共同的主题。

"怎样去除多余的部分，怎样兼具多种功能？基于此番考虑，要求设计者看清本质，增加必要的性能。无论是一般住宅还是独立式住宅，没有仔细研究就建造 3LDK（译者注：三室一厅一厨）的话，就会出现多余的走廊和房间。如果想要打造舒适宽敞的房子（摆放各种装饰物且人能够畅通无阻地走过），在通道（例如楼梯下方的空地）里设置架子就很有必要了。这就是住宅正在被'家具道具化'的表现。"小泉这么说道。

半个世纪前，家具与住宅的关系要更加密切。

"例如，日本吉村顺三事务所的家具设计师松村胜男，还有勒·柯布西耶事务所的夏洛特·贝里安，他们一边设计住宅，一边设计家具。我认为必须回到那个时代。"

关于这一点，令小泉感触颇深的是勒·柯布西耶于 1931 年建造的萨伏伊府邸。进入玄关后，既有斜坡又有楼梯。平缓的斜坡，是为了将客人慢慢地引向二楼的动线，楼梯充分实现了"登上"的功能。玄关处有接待台，还有放置重物和洗手的地方。虽然是个人住宅，但也可以接待多位客人，在家具设置上突出了细节。从聚会组织者萨伏伊女士的房间窗户，可以看到花园，也可以看到开车到达这里的人们，然后向厨房作出指示。多样化的房屋布局方便了接待客人。

另外，小泉还这样说明："阳光房中的扶手，在扶手的中间刻槽，从外壁流过的雨水，流到槽里。如果排水不畅，住宅就会出现裂痕。将收集雨水的通道与扶手相结合，这样的住宅也被'家具道具化'了。"

近代以前的家具是"权威的象征"。在西方，椅子是君王的座位；在日本，榻榻米是贵族坐的地方。而现代，家具正在以不同的方式，接近住宅，正所谓"相互接近的存在"。

# 在小泉家具店看到的家具化的住宅

办公桌的一部分可以当作台阶

将柱子上的座面放下来，就可以作为椅子

**a** **办公桌是梯凳？台阶化的空间**

小泉家具店的二楼是事务所。令人震惊的是，如何登上三楼？将凳子和桌台作为楼梯的一部分，这就是"家具道具化"的一个场景。

**b** **柱子变成椅子**

这是在古道具店发现的可固定的座面。柱子兼具椅背和支脚的功能。平时座面是收起来的，形成过道；放下座面的话，就会变为椅子，可以坐下聊天。

手感舒适的圆角也是小泉作品的特征

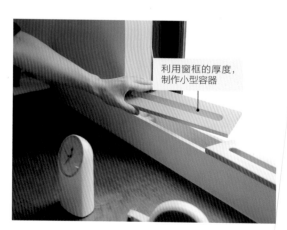

利用窗框的厚度，制作小型容器

**c** **台阶也要重视手感和脚感**

遇到斜度不对称的情况，就把楼梯设计成梯子形状。为了脱掉鞋子后上楼梯时与脚心接触时的感觉良好，在纯木竖板上加工了柔滑的圆角。

**d** **窗框的厚度也可为收纳利用**

宽 70 mm 的窗框可以作为容器。这一部分小泉也没有忽略。由于窗户是面向办公桌的，所以可以利用这个宽度，制作能够放置文具的小型容器。这是住宅道具化的设计细节。

**简介**

1960 年出生于东京，善于运用日本美学思想和日式材料（特别是木材），活跃在家具、商品、装潢等设计领域，以细腻、温和的细节打造和独到的素材使用方式著称，近年来也从事一些森林维护和结构技术制造等工作。

享受闲暇时光的理想之所
如同一件件折叠家具的功能
丰富的空间

2013 年 4 月面向公众开放的"小泉家具店"就是一件"家具道具化"的作品。在约 33 平方米的狭小的地块上，将拥有 50 年房龄的店铺兼住宅进行了翻新。最开始是两层楼的建筑，三楼的地板重叠在一起，每一层楼都具有多种功能。

首先，一楼向来访的客人展示了小泉设计的家居用品、生活用品。这里是小泉本人和他的粉丝们互动交流的开放空间。墙壁兼作架子，上面摆满了迄今为止的设计作品，在一层进行售卖。

在一楼的中央有如梯子般的紧急楼梯，必须如攀登一般才能爬上去，但设计充分考虑了脚踏板角的锥度，手感非常好。作为一个建筑构件，如果由精通家具设计的人亲自打造，效果就会大不相同。

二楼有厨房和办公室。在办公室的墙根处放置柜台似的办公桌。会议桌的盖板挂接在办公桌的一边上，办公桌作为会议桌的支脚。盖板可以滑动，必要的时候可以腾出空间。在支柱上只安装了凳子的座面，这样办公桌旁边就可以坐下很多人。

桌台的一端延伸三楼的楼梯。想要上楼的人，先爬上凳子，再登上桌台构成的楼梯，最终到达三楼的地板。坐在纯木地板上，心情是愉悦的。

小泉家具店本身就好像一件折叠家具。住在这里的人可以一边自在地移动，一边办公，一边招待客人，一边度过闲暇时光，实现了小泉的创作理想——家具和住宅一体化。

— 专栏

## 香菇的椚木上孕育了家具

小泉的作品常常将其创作构思与使用者需求进行最佳结合。图片展示的是，在生产香菇的农户家里，那些由于过于粗大而不能使用的、用作香菇椚木的橡树木材被创造性地打造成一件家具。框架部分使用了橡树木材，椅背和座面则使用柏树木材。椅子是阔叶树木材与针叶树木材的结合物，正好契合了日本造林理想——多元混交林。这款家具正在 WISE·WISE 中销售（www.wisewise.com）。

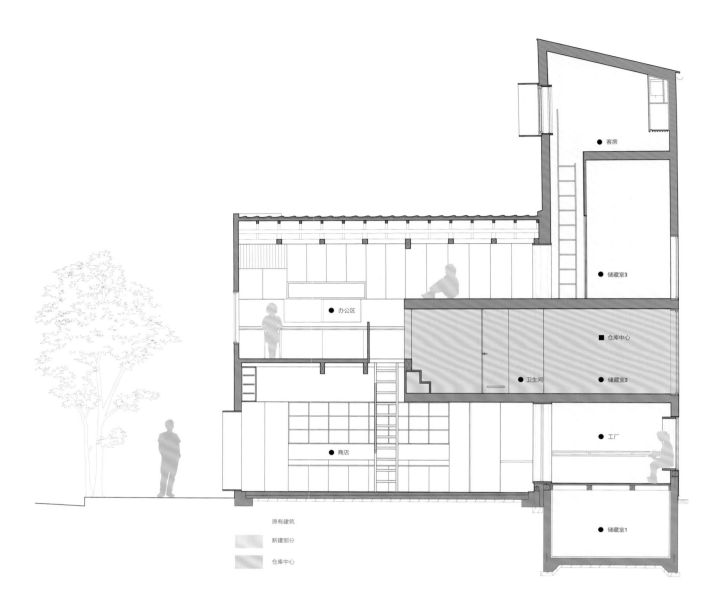

● 客房

● 储藏室3

● 办公区

■ 仓库中心

● 卫生间　● 储藏室2

● 工厂

● 商店

● 储藏室1

原有建筑

新建部分

仓库中心

## 在狭小的用地内打造"家具道具化"的空间

这是一栋拥有50年房龄的店铺兼住宅。向阳的一侧作为店铺和办公室。卫生间和储藏室被镶嵌在整个建筑的中间部位。在其之上是P12中小泉所处的房间。再往上是一个由狭窄的梯子串联的隐藏的客厅。从公共空间到私密空间、从下至上所经历的变化是绝妙的，同时也给储藏室预留了足够大的空间。

店铺信息

小泉家具店
东京都国立市富士见台2-2-31
TEL：042・574・1464
www.koizumi-studio.jp

这是小泉设计的"爱箱"（东京都东村山市）。为了使家具与住宅融合为一体，小泉做了各式各样的考虑。

小泉认为无论是房屋还是家具，由同一个制作者制作并将其融为一体，才是"接近居住者的人居理想且在现场打造房屋"的理想状态。

但如果由建筑师和建筑公司打造家具，就会突出设计，忽视功能。这是为什么呢？因为家具与住宅相脱离。

为了解决这一问题，小泉正在推进面向建筑公司的家具规划。目前已经有了成功的案例。2013年，东京都东村山市的相羽建设和小泉联合打造了"爱箱"项目。房屋、家具及与其搭配的材料均出自同一个建筑公司。

譬如大小一致的桌子，两台39 000日元；宽1 800 mm的可移动式架子，84 000日元；起隔板作用的收纳架145 000日元，都非常便宜。小泉设计的家具品质上乘且与房屋融为一体。即使在家居中心和海外的大型家具店正在增加的情况下，其无论是价格、品质还是使用价值，也是十分具有竞争力的。

"原来觉得将建造房屋时废弃的材料加以充分利用，打造成桌子，很有意思；既然如此，这个做法能否实现通用化，并且以'木工的手'为名，继续拓展创意？"

桌子、带脚轮的可移动式架子、兼具收纳功能的简朴的凳子、床、椅子等，甚至玄关柜、信箱、门牌、毛巾架、卫生纸支架等，住宅建成以后，急急忙忙地去买家具的人并不少。置办与住宅无关的家具的结果是，住宅与居住者的关系会变得淡薄。因此，如何使家具成为联系住宅与居住者的纽带，便成为小泉设计时重点考虑的内容。

多功能的"爱箱"的厨房，在这里可以制作各种料理。

向建筑公司宣传家具与住宅的完美融合

## 小泉设计的收纳家具

### 可以作为隔断的收纳家具

图片左侧是两侧均可使用的"mashikiri"收纳家具，可以作为隔断将空间隔开，架子有拉门式和开放式的（W1 800×D300×H1 680 mm）。

### 没有门的开放式架子

图片右侧是隔断"mashikiri"收纳家具的开放式架子。无论作为书架还是装饰架，其利用价值非常高。里面基本上使用软木材，但也可以用土佐和纸来代替。

### 由既适合地板又适合榻榻米的
### J面板制成的桌子

"hashira table"由J面板制成。板的里侧，使用了与房屋柱子相同的材料（W1 800×D800×H700 mm）。

"爱箱"将该地区的人们联系在一起，
起到纽带的作用。

不作为单一的家具售卖。"爱箱"出自打造住宅的木工之手，其使用质朴的素材，且均能在住宅里找到。

上梁时扔掉的临时筋和预切割的边角料，以及大量的本地材料被充分利用。另外，环保的"J面板"也是其一大特色。

有意思的是具体的操作方式。虽然是按照图纸规定的程序，但并没有对接头处进行详细的规定，而是全凭做榫的人的感觉。即使是相同的设计图纸，如果材料和榫改变的话，就能打造出专属于空间的独一无二的家具。这会密切住宅与居住者的关系。

根据小泉的图纸而制作的家具面附有认证标识，由此及彼，如果也能附上制作者的印记就更好了。这样多个建造公司在竞争中有合作，干劲儿十足，并达到宣传自身的目的。在这一构思的基础上，小泉开始打造"家具与住宅完美结合"的项目。

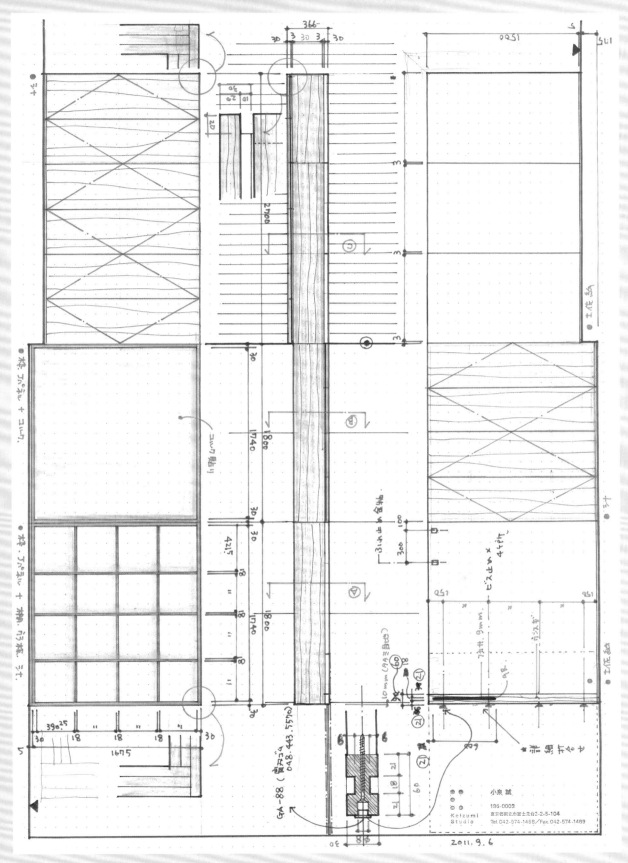

# 家具与空间的密切关系

**根据委托人对家具的喜好而改变室内空间装潢**

**若原一贵** （设计师）

"使用委托人喜欢的家具就好了"，很多建筑师都这样说。但若原一贵却认为，也可以依靠家具来改变室内空间装潢。为什么如此重视家具？若原一贵进行了一番解释。

02

## 若原的家具选择是？

若原重视的是家具的"长销性"。汉斯·J·韦格纳设计的Y椅子（右图）和卡尔·汉森设计的桌子（左图）都是半个世纪以来的畅销商品。现在经过反复的局部改造，它们看上去都是足以"信赖"的家具。

"以不同种类的家具代替室内空间装潢的最后工序"，设计师若原一贯这样说道。

若原设计的住宅是由纯木和灰浆等所谓的自然素材制成的。委托人根据家具的风格进一步选择了铺设地板的瓷砖。

中世纪的家具、纯木地板、灰浆墙壁、瓷砖地板，这一切都是和谐的。因为此前没有先例，所以若原与委托人一起去挑选家具。

"基本的设计框架确定以后，接下来就要去 Actus 和 Arflex 购买家具。因为那里的家具品种非常多。

可以一边浏览各式各样的家具，一边根据委托人的喜好而作出选择。"

据说大多数人会选择一些经常使用的经典款家具。最多的是汉斯·J·韦格纳设计的 Y 椅子和卡尔·汉森设计的桌子。天然的纯木质感，既不过分奢华又不庸俗，兼具日式空间与西式空间的精髓。

当然，最终要以委托人的喜好为根据。Cassina 公司设计的 Superleggera 椅子也经常被采用。它华丽而独特，可与各种风格的桌子和谐搭配。

家具和住宅的和谐关系，于不经意间体现了出来。

专栏

## 为什么不可以选择价格便宜的沙发？

沙发的价格，可以从数万日元到数百万日元不等。若原一贵表示，如果是小型沙发，可以选择 40 万日元以上的。沙发的舒适性很重要，这并不是一朝一夕就能实现的。所以，就要选择值得信赖的家具商的产品。例如，在老牌厂家中寻找，40 万日元以上是可供选择的区间。

## 设计师怎样选择家具，怎样营造空间

 **Y 椅子和 hao & mei 的餐桌**

"Y 椅子可以与其他空间配置和谐搭配。"若原这样说道。Y 椅子具有厚重的质感和设计感，最适合素材感较强的空间。在施工现场，若原一边与其他设计者讨论餐桌尺寸等细节处理，一边作出了"采用 Y 椅子"的决定。

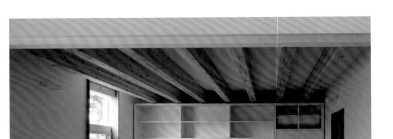

**Arflex 的沙发和 hao & mei 的矮桌**

Arflex 的沙发舒适柔软、质地上乘。矮桌是在选定沙发后，和 hao & mei 的傍岛浩美进行商量之后而制作的。都市型小型住宅中，家具的尺寸等细节对室内空间的影响非常大。家具与空间开口和天花板的高度相协调，这样的设计令人心情愉悦。

**c** **卡罗·科伦坡设计的 "SHIN" 椅子**

除了 Y 椅子之外，若原经常使用的就是 "SHIN" 椅子。虽然它是意大利风格的，但与日式风格有些形似。兼具西式风格与日式风格的家具有很多，比如博格·摩根森的 J39。建成后，房屋中即使仅放置家具，气氛也会有所改变。可见家具的影响力是很大的。

**简介**

若原一贵，1971 年出生于东京，1994 年毕业于日本大学艺术学部，同年进入横河建筑设计工作室。2000 年成立若原工作室。2009 年设计作品 "小日向的工作室" 获得第 30 届 INAX 设计竞赛奖。2012 年设计作品 "南泽的小住宅" 获得 "hope&home 奖"。

**d** **布鲁诺·马松设计的沙发**

这种沙发是在年轻的业主以前使用的沙发的基础上再添置一个，变成三个且连在一起。天花板的高度不足 2 m，，适合采用小型沙发。

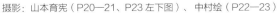

摄影：山本育宪（P20—21、P23 左下图）、中村绘（P22—23）

# 不追求布局清晰、明确的空间

## 洼川胜哉 （设计师）

"在年轻一代中，简单而自然的房子是受欢迎的。"坚持这一理念的建筑公司有很多。数年后，新住宅的拥有者和首套住宅的获得者在建造房屋时将有一番更加独特的"讲究"。关于如何营造他们追求的"心境和品位"，笔者请教了人气颇高的设计师洼川胜哉。

采访撰文：本间美纪　摄影：山本育宪

03

简介

洼川胜哉，1974 年出生，毕业于驹泽大学。20 世纪 90 年代，男性室内设计师还比较稀少，洼川胜哉频繁地出现在杂志等媒体上。2013 年去英国伦敦留学，回国后成为备受欢迎的设计师。

由于住宅翻新整修浪潮的兴起和 Share House 节目的备受欢迎等，30 多岁人群的住宅环境正在发生剧烈的变化。今后，他们又将青睐什么样的住宅设计元素呢？

设计师每天要面对很多家具和装饰物，洼川胜哉坚持挑选适合住宅风格的家具和装饰物。相比较清晰、明确的布局，更加注重家具与装饰物的选择，这样的委托人越来越多。

各种家具被用来分隔空间，而非以卧室、儿童房等用途加以区分，这样在视觉上拓展了空间。家人在此相聚，享受闲暇的时光。门和隔墙将减少，取而代之的是沙发、纺织装饰物等，它们作为划分空间的要素，正逐渐被加以关注。

与此同时，家具的搭配也在改变。在高级品牌的家具之中选择完美的，不如将古老、轻便的家具与装饰物进行一番混搭。家具最好使用同一种素材以营造统一感，比如，钢质灯罩只在软线上着色，或者只改变了椅背和座面的材料，这样统一感被破坏了，会让人有一种"失去了什么"的感觉。

这种理念越来越受到年轻一代的认可与青睐。

另一方面，在建筑领域，洼川胜哉正在广泛地征询有关装饰木材纹理的建议。例如，地板，不能只按照纹理和颜色的深浅进行分类整理。他还提出了"人字纹"和"仿古（古朴的样子）"等多种表达方式，大概会为以后的设计者所推崇吧。

专栏

## 那么，设计师是什么样的工作？

左图是成为洼川胜哉主要工作舞台的杂志，有面向 40 多岁的时尚爸爸的设计师杂志、最前沿的设计杂志、男性时尚杂志等。设计师的工作是收集与空间规划相适合的家具、装饰物等，营造空间场景。但是，并不是简单地摆放物品，关键在于打造"领先一步的生活"。在房屋改造的前期，家具与装饰物具有很强的影响力。洼川胜哉是"领先一步的生活"的最早践行者和将自家住宅翻新整修的潮流领导者。

# 从洼川府邸看出当代业主的心境与品位

以木质框架营造卧室角落

左侧的收藏架非常实用，右侧为装饰架

**a** 不需要墙壁，用"领域"思考

卧室不以墙壁分隔开来，床的周围仅仅用木质框架加以围合。延伸质朴的家具素材感，是营造"领域"的最佳手段之一。

**b** 区分实用和观赏用的收藏架

图片左侧的书架是非常实用的，里面的收藏架则是一个装饰物。即使没有收藏板，其也改变了室内空间的气氛。

**c** 门窗、隔扇即使非常重要，也可不采用平常的门

门窗、隔扇重新利用复古的拉门（左图）。以窗帘分隔客厅和餐厅。（右图）除了挂在窗边，窗帘还可以代替门窗。

门窗、隔扇重新利用复古的拉门

以窗帘分隔客厅和餐厅

## 生活方式店的出现促进了室内装修业的生意

据说 Conran Shop 和 CIBONE 等引领时代潮流的商店以及宜家和 ZARA HOME 等商店，每到换季的时候就像更换服装一样，改变室内的装修风格。靠垫是能够轻松、愉快地改变空间氛围的道具。
各种靠垫
THE CONRAN SHOP
TEL：0120·04·1660
www.conran.co.jp

## "裸露"和"就那样"是一切共同的关键词

这是一款没有灯罩、可以看到灯泡的灯具，裸露也是一种时尚。如今 30 多岁的人喜欢"让泥土地和配线也可以清晰可见"，避免过分加工。
Heavy Guy Chalendier 吊灯
大约 53 cm，直径约 95 cm
BY TRICO
TEL：03·3532·1901
www.bytrico.com

 从洼川自选商品看到的

# 今后的
# "家具选择"

## 不同的素材和设计，"混合"是关键

这种椅子使用了树脂和藤木。今后由不同材质组成的椅子将更加引人注目。另外，色调各异的经典款名作椅子等成为空间的亮点。
改造椅
W560×D520×H750 (sh460) mm
Magis Japan
TEL：03·3405·6050
www.magisjapan.com

## 将"不是那样的东西"转变为"那样使用"的趣味

在洼川宅邸中，沙发前面的茶几使用了老式手提箱，还可以用作收纳箱。与之具有同样创意的商品已经在市场上出现了。据洼川说，30 多岁的人喜欢将收纳箱用作桌子。
斯托尼赫斯特茶几
W610×D610×H610 mm
ASPLUND 惠比寿店
TEL：03·5725·8651
www.asplund.co.jp

## 与地面一体化的沙发

越来越多的人喜欢使用这种离地面近、富有弹力的沙发。沙发与地板的样式和颜色是否搭配也变得更加重要。
巴卡罗勒沙发
（织物）
W1 820×D780×H380 mm
CIBONE 青山店
TEL：03·3475·8017
www.cibone.com

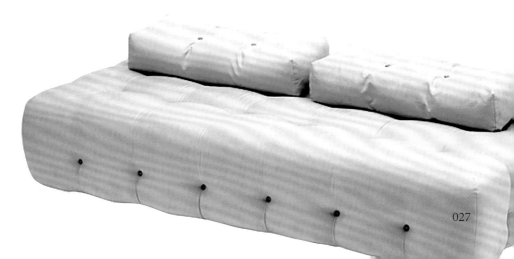

可分离也可固定的家具！
通过收纳单元营造可随意
变化的空间

川内浩司 无印良品网董事、住宅空间事业部开发部长

## 必要的收纳量可以随时改变

设计要充分考虑空间的"收纳率"。临时住在公寓和商品房里的住户，并不确定"想要收纳什么，想要在哪儿收纳，想怎样收纳"，因而要有尽可能多的衣柜和储藏室让其放东西。收纳空间在建筑面积中要占有一定的比例（能达到10%以上，就非常好了）。

定制式住宅的情况是，根据业主的所有物，多采用固定安装的收纳家具和架子。但是，有固定的收纳家具的住宅，也不一定就很便利。虽然"收纳"是"收集并归纳所有物"的意思，

但这个所有物的内容和数量会随时间而改变。比如，正值好打扮的时期，可能会集中买大量的西装、鞋子；或者随着年龄的增长，渐渐拥有一些昂贵的东西。还比如说碗架，从夫妻二人到有孩子，开始往碗架里添加碗筷，等到孩子长大独立后，就不需要放置大量碗筷的空间了。也就是说，"必要的收纳空间"并没有必要一直被保留，而是"按需决定"。

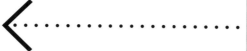

## 简单地扩大空间

拆除不影响结构的隔断墙,尽可能确保大的空间。这样就能够为住户自由地安排和使用收纳家具留有余地。

这是"城北河滨(大阪市都岛区)"的内部结构。于2012年6月开盘,是UR都市机构与无印良品网联合打造的MUJI×UR小区翻修项目。其追求"没有过多破坏,没有过多制造"的效果。即使是租赁房,没有固定的格局,住户也可以自由地调整空间,这就是家和生活的理想状态

餐厅和客厅之间的隔断采用不分正反面的组合式置物架。(左上图、右上图)天花板上用加固的螺栓将吊起的小顶棚牢牢地固定。(左下图)原有的拉门上镶嵌了门框,作为室内装潢的重点,被保留下来。(右下图)

"可变的收纳空间"的主张由此产生。设计者充分利用像无印良品的组合式置物架和可重叠式置物架一样可自由组合的收纳家具,并非"以固定的家具确保收纳空间的大小",而是"既能用于收纳又能用于居住,营造大空间,必要的时候再添置收纳家具"。

由两个房间组成的和室,加上原有的餐厅和厨房,构成了一个宽敞的套间。

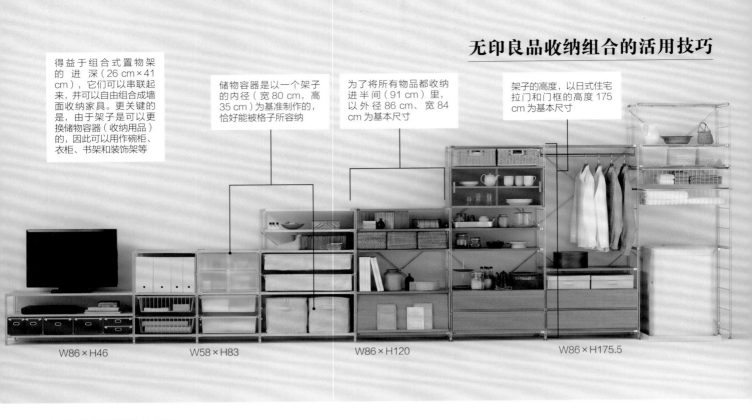

得益于组合式置物架的进深（26 cm×41 cm），它们可以串联起来，并可以自由组合成墙面收纳家具。更关键的是，由于架子是可以更换储物容器（收纳用品）的，因此可以用作碗柜、衣柜、书架和装饰架等

储物容器是以一个架子的内径（宽80 cm，高35 cm）为基准制作的，恰好能被格子所容纳

为了将所有物品都收纳进半间（91 cm）里，以外径86 cm、宽84 cm为基本尺寸

架子的高度，以日式住宅拉门和门框的高度175 cm为基本尺寸

W86×H46　　　W58×H83　　　W86×H120　　　W86×H175.5

## 出发点是榻榻米的尺度

无印良品的生活用品是以基准尺寸（尺度）为基准而设计的。笔→笔盒→储物盒（文件盒和篮筐等）→收纳家具（组合式置物架和可重叠式置物架），所有这些都是用套匣收纳的，具有很好的收纳功能。

这个套匣的最终容器是"住宅"。自古以来，日式住宅内，依照人的尺寸而制成的榻榻米，具有合理、普遍的尺寸（尺寸模块）。无印良品的所有生活用品都恰好能够被容纳在该尺寸模块内。也就是说，最开始的家具是根据榻榻米的尺寸而被制造出来的，然后再根据家具来制造储物容器。所以，以榻榻米的尺寸为基准而建造的大部分日式住宅，能很好地收纳无印良品的家具和生活用品。

精通尺寸模块的住宅设计专家，会使用一些简单的收纳组合。

## 组合式置物架的推荐用法

组合式置物架能够自由自在地组合，可以整齐、有序地收纳大量物品，所以特别适合整理随时增加的衣服和碗具。用作衣柜时，可以将衣服挂起来，也可以很多件叠在一起，还可以收纳包和帽子等小物件。（上图）用作收纳厨房用具的时候，则可以完美地收纳水壶和微波炉，甚至冰箱等厨房家电。（下图）如果用作拉门的话，就可以随时变成壁橱或食品柜。

## 可重叠式置物架的推荐用法

可重叠式置物架采用的是由橡木和胡桃木拼接而成的夹板结构。这种架子所占用的空间并没有组合式置物架的空间大。其所具有的木质美感，非常适合用作兼具装饰架功能的书架，摆放在客厅里。（上图）还可以用作电视组合柜。（下图）由于没有背板，没有内外表面，也可以作为隔断，平缓地分隔空间。

在自由活动室中，为了让父母与孩子能够一起工作、学习，可以将桌子并排摆放。分隔儿童房的可重叠式置物架可以作为书架。

儿童房中的组合式置物架，可以用作衣物收纳柜，实现居住空间与收纳空间的无缝连接，提高空间利用率。

**案例研究**

# 无印良品之家
# 港北样板房

本案的二楼除了厕所，基本上没有被隔断的空间。由于在中间设立了通风口，所以夫妇的卧室和儿童房被平缓地分隔开来。

目前在夫妇的活动区域中设置了拉门和组合式置物架，既确保了足够的收纳空间，又保护了个人隐私。另一方面，孩子的活动区域中，以组合式置物架划分了卧室和自由空间。

5～10年后，如果需要增大空间，可将组合式置物架移开，就能变成两间儿童房。那时，工作室可以设为主卧室。这种情况下，以组合式置物架将卧室分隔成书房兼步入式衣橱，不是很好么？

孩子的年龄稍大一点，需要一定的私密空间。这时可用螺丝将轨道固定在地板和围墙上，以拉门分隔主卧室。

那么，20年后孩子长大独立，12个榻榻米大的儿童房将如何使用呢……这就是与人们的生活方式同时改变的住宅的布局方式。

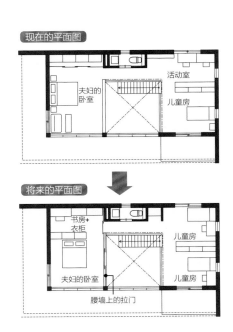

在儿童房中，不需要固定的收纳空间和墙壁，而要配合孩子们的成长，改变收纳空间从而分隔房间。如果房间很大、很宽敞，则不用进行大规模的房间布局工程，也能将其改造成便于使用的空间，而且是在节省花销的前提下。

**制作家具的建议**

平时多去家具店走走，把握家具的最新动向，并且经常与业主交流，便可以将家具和住宅融为一体。在装修室内空间时，如果某些地方并非合理地摆放家具而是重新制作家具，则将会导致整体预算大幅上升。

家具可以营造高品位的生活，但并非只购买一些高端家具这么简单。在意大利的高端家具中组合宜家的家具，在北欧的家具中添加无印良品的家具。所有家具都出自一个品牌的现象已经减少了，而根据自己的喜好收集、挑选，追求个性的业主正在逐渐增多。他们对制作家具感兴趣，注重事物本身的潜在价值而非一味地追求高价格。

从今以后改变住宅的就是这种家具！！

# 家具的新潮流

建好住宅后，必要的添置就是家具。和 10 年前相比，人们对家具的要求提高了，购买预算也增加了，选择的眼光也改变了。一般家庭对室内装潢的要求正以超乎想象的速度不断提高。建造房子时也不只考虑"餐厅成套家具、沙发、客厅隔板"，因为这些已经不能满足顾客的真正需求。另外，可以看出，家具的尺寸、使用方法、设计趋势等方面也在发生变化。

采访撰文：本间美纪（P32—39）

在厨房家具化的今天，有很多厨房和餐桌一体化的例子。一些建筑公司如此主张并广受顾客欢迎。很多厨房厂家都接到了"厨房和餐桌一体化"的订单。而家具厂家也有连厨房本体都打造出来的情况等，将厨房与实用、美观的餐桌紧密相连。

这种情况下，餐桌的进深要符合厨房的进深，最低也要达到 900 mm 以上。由于与整体布局有关，一体化的厨房与餐桌要提前设计。

例如在一些小面积的日式住宅和公寓里，因无法放置家具，只能挤在茶几和沙发用餐的例子也有很多。

## 厨房家具的趋势

在起居室消失的时代，餐台是家人吃饭、聚集的重要地方。一般来说，能坐下 4 人的话，平均宽度要在 1 600 ~ 2 000 mm 之间。椅子，不一定要一模一样，也可以使用不同的颜色和材料。另外，喜欢将椅子散乱摆放的家庭也在逐渐增多。

桌子出现了细长形、椭圆形、圆形等多种类型，甚至其形状可以灵活地改变。桌面不限于木材，还可以使用磨砂玻璃等玻璃桌面。这样，可以清晰地看到桌子下方的地面。

在开放式厨房逐渐增多的今天，桌子多与厨房操作台平行排开，或呈直角摆放。平行放置的情况下，厨房与桌子的距离要有 1 m 以上。厨房中的门和桌子的素材相容性也很重要，要避免"明明使用同样的核桃木，却让人感觉有色差"的情况。

这是 GERVASONI（意大利）家具公司的餐厅套装。桌子、椅子的颜色、素材、外形和多样化的设计引起广泛的关注。（GERVASONI 东京）

这是 MUUTO 公司（丹麦）的餐厅套装。厨房的设计非常独特。越来越多的人在装修住宅时会考虑厨房中的门、桌子、椅子的素材相容性。

厨房、餐厅、客厅可以通过定制而连为一体。家具的选择与空间环境以及建筑设计相协调。定制家具厂商也接到很多将家具、厨房、收纳空间进行整体设计的订单。这是建筑公司的营业员应该加强学习的领域（厨房住宅）。

虽然普遍的做法是将起居室、客厅、餐厅一体化，但并没有将饭桌和茶几混用的。

客厅里的茶几没有考虑到吃饭时的高度，所以不可能用于吃饭。设计要充分考虑到人们在有榻榻米的地板上的时间点以及在餐厅里的时间点。另外，最近市面上出现了一种"晚餐沙发"，外形像沙发，座面的高度与餐椅差不多，兼具沙发和椅子的特性。

### 客厅板材的趋势

伴随着电视的薄型化，与墙面一体化的、又薄又时尚的收纳家具受到欢迎。

虽然曾有一段时期为了装饰高档酒和收藏品，玻璃的客厅板材受到欢迎，但其现在却不怎么流行。倒不如P38介绍的新品——极具设计感和韵律感，且与空间设计相协调的墙面收纳家具。

另外，在厨房与餐桌一体化的基础上，在挑选客厅板材时，选用与厨房的门相同的材料，追求统一感的业主也逐渐增多。

### 椅子的趋势

椅子的流行趋势是相去甚远的。

建材厂商也热衷于打造装饰性强的墙面收纳。图片展示的是去年松下电器出售的墙面收纳柜和"Archi-spec"门窗隔扇系统。

这是MOLTENI公司（意大利）的收纳家具。若隐若现的平衡感、各异的架板厚度和门材图形等，各种各样的元素组合在一起。【Arflex日本】

### 沙发的趋势

沙发的基本尺寸有宽2 000 mm的三人沙发和宽1 200 ~ 1 400 mm的双人沙发。市面上也有能坐2 ~ 5人的、宽度在1 800 mm左右的舒适型沙发。背靠墙壁而面朝电视机，可以放置三人沙发。这是当今沙发的两大流行款式。但是随着生活方式的改变，沙发的放置方法也在改变。

除了横向摆放的"×人沙发"，呈L形摆放的转角沙发在逐渐增多，这样人们就可以在注重隐私的客厅里，舒服地躺在沙发上。另外，在电子设备层出不穷的时代，沙发不必面朝电视机，如扇形一般、带点弧度的，能使人围向中央的沙发出现了。最近，还出现了去掉靠背、可以双向使用的沙发。客厅沙发的选择越来越多样化了。

最典型的是样式椅，其代表是伊姆斯椅、七字椅和蚂蚁椅，它们出现在很多住宅中。其他的有汉斯·J·韦格纳设计的北欧风格的椅子、由弯木制成的咖啡厅风格的椅子和树脂椅子等，可供选择的种类有很多。

一般来说，椅子的宽度如果取 750 mm，就足够了，也可以根据扶手的有无调整宽度。老年人比较喜欢带有扶手的椅子，可以在座位上放置舒适的坐垫。

通常，独立地制作椅子是很困难的，所以"靠墙打造椅子"的做法出现了。这种情况下，合理地处理座高和进深，就可以打造优质且舒适的"靠墙坐的地方"。

这是 GERVASONI（意大利）的沙发。粗糙的质地，柔软而富有弹性。过去曾作为客厅的主角、极具存在感的沙发，现在则可以提高空间利用率并营造出舒适、休闲的氛围。【GERVASONI 东京店】

这是 SEMPRE（日本）的沙发。三角形的靠背可以移动，无论从哪个方向坐都可以，也被叫作"岛屿式沙发"。这种家具的出现正在改变空间的布局方式。【SEMPRE 总店】

扇形的沙发，可供人们围坐在一起看电脑等，适合日本人的生活方式。【Arflex 日本】

这是 FLEXFORM 公司（意大利）的新作。去掉了沙发靠背的一部分，两面都能坐。不管坐的方向，也是创新的表现。【FLEXFORM】

**沙发**

在沙发的旁边放置茶几和落地灯的情况也很多。茶几和落地灯作为客厅中的装饰物。如果假定只有沙发，而不放置小型家具的话，请事先确认一下。

顺便说一下，沙发并非只采用气派的皮质材料。最近，沙发的表面材料比较流行柔软的织物。充分利用织物褶皱的和将皮面进行老化加工的沙发比较受欢迎。宽敞的空间布局、射入阳光的窗户、触感舒适的床以及美观的墙壁装饰物，这些配置既经济实用，又具有高度的艺术美感。

另外，在沙发的前方铺设地毯的案例正在逐渐增多。在客厅、餐厅、厨房之间，没有隔断，仅以一些小物件营造象征性的心理区分。采用这种装修方式的业主也在增多。

# 住宅设计和家具布局的
# 结合点是定制

将四种类型巧妙结合的
墙面收纳家具
①W300×H900×D314
②W300×H600×D314
③W300×H300×D314
④W600×H300×D314

### 灵活利用墙面收纳系统

要点 **01**

门的平衡成为墙面设计的一部分，这是一种高级的收纳
系统设计——意大利·Poliform 的"Synthesi"。

ACTUS 家具店

## 以半定制家具
## 营造一体化的家具与住宅

表面材质采用自然橡木和斯
佩萨橡木。颜色可以选择
32 色的马特漆或 16 色的
高亮清漆

4个W900×H337×D474
柜子在地板上并排摆放

## 以形状不规则的桌子消除空间的局促感

上图为贝壳形状的桌子，一群人即使坐在狭小的餐厅里也能惬意地交谈。
右图为细长的餐桌，可以用于并排进餐。

## 非常受欢迎的半定制系统

右图中，FB 餐桌可以由 14 种木材和尺寸制成。
下图中，柜子等箱类的家具也可以指定木材和尺寸。

## 沙发放置在房间的中央

这是丹麦 Eilersen 公司的"时韵曲线·超级沙发"，其表面宽、靠背低，给人一种"地板榻榻米"的感觉。一人可享用的宽度为 700 mm。

"如果新建前就商谈好如何放置家具和进行室内装潢的话，就可以配置更适合的家具了……这样令人遗憾的案例正在逐渐增多。"该说法的提出者是开设 10 家店铺、为 30 ~ 40 岁的首套住房购买者服务的 ACTUS 家具店。该店还提出了家具和住宅"一体化的应有限度"这一概念。

但令人遗憾的是，现实中很常见的空间布局是，客厅板材、靠墙放置的三人沙发、可容纳 4 人的餐厅，但并没有与多样化的家具相对应的布局。所以，ACTUS 家具店里激增的是柜子、办公桌以及桌子等半定制家具的订单。以适合任何住宅的直线形家具为原形而进行开发，这是销售额增长 20% 的原因。家具完美地嵌入空间布局，提高了空间利用率。

反之，即使房屋建造者没有制作复杂的空间布局和精巧的固定家具，如果能在早期与装潢设计者进行协商的话，便能充分发挥二者的风格优势，打造出满足业主期许的住宅。因此，ACTUS 家具店在协调房屋建造者与装潢设计者方面的功劳尤为突出。

店铺信息
东京都新宿区新宿 2-19-1
BYGS 大楼：1 - 2 层
TEL：03·3350·6011　营业时间：11：00 - 20：00
www.actus-interior.com

建议采用与家具的底蕴相适合的黄麻材料壁纸

桌面的素材和支脚、抽屉的把手等是可更换的（P39 图表）

要点 **01**

## 家具店内摆设给人一种家的感觉

家具店内不把家具当作商品摆放，而像在家里实际使用那样，更容易给人留下真实的空间印象。装修时也可以考虑在墙壁上贴一些壁纸

---

**RIVER GATE 家具店**

## 业主喜欢以组合家具设置空间内部装潢的提案

要点 **02**

**"讲究家具摆放，营造空间新感觉"的住宅内部工程实例（左、右图）**

质地粗糙的沙发、纯木桌子、素净的地板、壁橱门被换掉的厨房等，这些配置提升了空间的品质。

## 要点 03

### 从五金到餐具等
### 生活用品的销售建议

门把手和挂钩等建筑五金销售场所的侧面就摆放着餐具。五金并非作为建筑的组成部件，而是与餐具和布景融为一体，利用小物件营造空间新感觉。这样的销售方式赢得了年轻顾客的青睐。

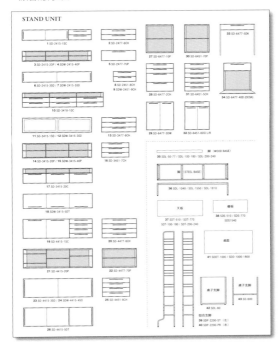

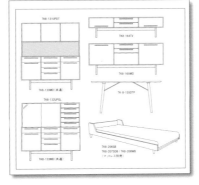

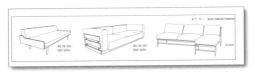

## 要点 04

### 无须翻新工程就可以
### 使空间焕然一新的
### 组合家具

左列的组合家具，高度 1 000 ～ 1 650 mm，进深 330 ～ 850 mm，宽度 460 ～ 800 mm，每种各有五种尺寸。柜门有位置不同的门框和把手。另外，铁艺扇贝、架板和支脚的巧妙组合也为空间增色不少。

RIVER GATE 家具店位于东京的自由之丘，其设计理念是"营造北欧风格之家"，其擅长从家具定制中获得灵感，丰富室内空间装潢。

来到这里的顾客，对室内空间装潢有着较高的要求。他们不满足于只买家具，而会积极地商谈照明、壁纸、房间布局等方面。组合家具最受欢迎，其以三个柜子为基础，在其上组装了铁艺支脚、侧板、黄铜配件。这种组合家具可以满足大部分顾客的使用需求。

购买客厅中摆放的书架时，可以一并购买一些与背景墙纹理和谐搭配的、简约大气的北欧风格壁纸。当一件家具或是室内空间装潢都无法彰显品位的时候，人们便会重新考虑"房间整体"的预算，包括桌椅。

经常与客户交流，了解客户的使用需求和生活品位，这是家具店日常经营的未来趋势。

店铺信息

RIVER GATE 家具店
东京都目黑区自由之丘 2-8-17 2F
TEL：03·3725·9706　营业时间：11：00 - 20：00
星期三休业　www.river-gate.jp

# 打造与日式住宅风格相吻合的空间

## 为了能放置在房屋的中央，
## 沙发的背面设计得十分牢固

紧凑的空间内，不依赖墙壁和隔断，把家具放置在正中央，也可以平缓地分隔空间角落。UNICO 家具的背面设计凝结了很多精华。

沙发不是紧贴墙壁放置，而是摆在房屋的中央

尽量压缩了高度，桌椅套件中，椅子也做成了沙发的样式

要点 **02**

要点 **01**

### 与紧凑的空间和谐搭配的桌椅套件

高度稍低的桌椅套件，不仅可以作为吃饭的地方，还可以代替沙发，用于放松身心，也是不错的选择。( FUNEAT 餐厅桌 W1 200×D750×H670 mm )

UNICO 在全国开设了 30 个店铺，针对的是 20～30 岁的装修人群，约 300 种物品是原创设计，以防止过度装饰、不饱和的设计为特色。

与占地面积和建筑面积均很狭小的日式住宅完美搭配的大型家具，受到了年轻一代的青睐。比如，在客厅中放置沙发和咖啡桌，在餐厅中放置桌椅套件是惯例，但在并不宽阔的房间中摆放这些家具，并不是容易的事儿。如果摆放复杂的家具，就会使空间变得局促。于是就出现了兼顾餐厅和客厅功能的桌椅套件。无论是吃饭还是家人聚会，都可以在这张桌子上完成。椅子是沙发形状的，可以长时间坐在上面放松身心。

另外，在房屋的中央放置沙发等家具，将吃饭的地方和放松身心的地方巧妙地区分开来。因此，就要极为重视家具的背面设计。

在店铺中使用 3D 模拟器为顾客演示空间配置，希望顾客能够选择与自己的生活方式相匹配的空间配置。

**UNICO 家具店**

## 吃饭、家人聚会都在
## 一张桌子上

**店铺信息**

UNICO 代官山　东京都涩谷区
惠比寿西 1-34-23
TEL：03・3477・2205
营业时间：11：00－20：00　unico-lifestyle.com

# 2章

# 风格各异的室内装潢
# 和家具设计

设计的潮流每天都在改变，室内装潢和家具也是一样的。把握基本的设计标准，
了解业主的喜好，是进行室内装潢与家具设计的重中之重。
在第二章中，笔者根据最新的实例，深刻剖析了室内装潢与家具设计的关键点。

# 细腻地解析 引领设计潮流的 简约时尚风格

简约时尚风格颇受年轻人喜爱。作为各大设计事务所常用的经典设计，以黑白色素材营造差异化的空间是其一大特色。

在正面墙壁的石膏板上，装饰布质材料

为了突出窗户周围的边缘，改换为木框

落地窗的部分，需要使柱子露出厚度为 105 mm 的窄边棱角，将木质门框和 FIX 窗框隐藏在柱子的里侧

由于地处密集的住宅区，窗户的数量受到限制，但顶灯和地窗能确保良好的照明效果

简约风
01

# 被书架围合的简约客厅

书架之家（设计：石川淳建筑设计事务所，摄影：小川重雄）

**残留树木**
**气息的简约大书架**

用厚度 24 mm 的胶合板组装成的书架。竖框每隔 300 mm 左右设置。表面进行了白色的擦拭涂装，切口进行了胶带处理。

**四周贴满胶合板的天花板和墙面**

墙壁和天花板四周贴满了胶合板。端部、连接、切口、布置毫无违和感，整齐地被容纳其中。

**使用价格便宜的复合地板装修地面**

地面铺设价格便宜的复合地板，符合简约风格的室内装潢原则。外部地面则铺设米松地板。

# 02 以结构作为设计重点的空间

天花板和墙壁是涂装用的涂料（所谓的"千元涂料"）。用壁脚板恰好能收纳起来

使用黑色哑光涂料，对窄边厚度为 105 mm 的柱子进行涂刷

地板采用有节点的松木

对现有住宅的内部结构件进行重新涂装，以实现一副全新的空间效果

# 简约、时尚的和室

用琉球榻榻米和椴木胶合板拼接成复合地板

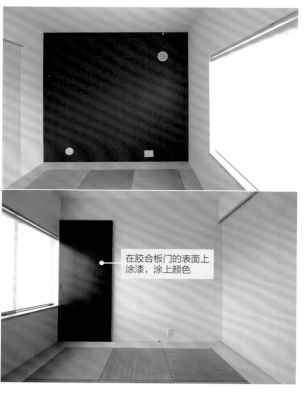

在胶合板门的表面上涂漆，涂上颜色

### 和室中，改变墙壁色调

公用客厅型住宅的和室中，用白色涂装布料贴满墙壁和天花板。以一面墙壁为重点，使用深蓝色的涂装布料，突出重点。

### 日式屋中，对单面墙壁或者拉门进行改色处理

日式屋中，墙壁和门窗的色调均可稍加改变。

# 在地板加工中使用 PVC 薄膜

### 儿童房中铺设白色 PVC 薄膜

公用客厅型住宅的儿童房中铺设亮丽的白色 PVC 薄膜。

### 主卧室中铺设黑色 PVC 薄膜

公用客厅型住宅的主卧室中铺设黑色的 PVC 薄膜，相比儿童房，给人留下更沉静的印象。

墙壁上的壁龛作为多用途的收纳空间。周围贴满和墙壁相同的壁纸

# 能灵活使用的土间

天花板和墙壁用涂装壁纸装饰，在平面布局中能看到环保材料的使用

公用客厅型住宅的LDK中，通过在已经制成的厨房前设置墙壁而达到隐藏厨房的效果，营造井然有序的空间

遮盖厨房的墙壁使用黑色消光涂料，涂抹石膏板基材

地板选用略微发白的集成材地板

顶板上涂抹白色消光涂漆

背面没有收纳空间，在厨房里设置收纳架

厨房是由SUNWAVE打造的既成品

## 台阶看上去好像白色的体块

不要让台阶原封不动地裸露出来，设置齐腰高的墙壁，消除突兀的存在感。

公用客厅型住宅（设计：石川淳建筑设计事务所，摄影：小川重雄）

## 在厨房背面设置装饰架

在客厅一侧，看不见厨房，在背面设置了利用凸窗阳台的装饰架，配置外形美观的餐具等厨房用品。

## 强调构造用材的方向性

"柱子·梁·支柱"的外观向同一方向只露出相同
尺寸的一部分，进而强调方向性。

纵向排列构造用材，
令人倍感清爽

构造用材和桁条运
用 OS 擦拭法调整
表面

照明器具被安置在阁
楼天花板上

将靠近开窗部位的
桁条两端分隔开来

建筑材料与家具材
料接近且打造成
60 mm × 150 mm
的断面

非对称的坡屋顶构架
富了空间层次

### 将阁楼作为
### 缓冲区，灵活使用

在空间顶部设置小阁楼，在
裸露的空间中完善了空间动
线配置。

利用屋檐背面，巧妙
地铺设房屋照明电
路，达到隔热的目的

## 以精致的细节设计营造空间氛围

通过涂装的细部思考，减少空间带给人的粗糙感。

# 06  使外露结构看起来整洁 1

房屋框架立面图详图（S = 1：100）

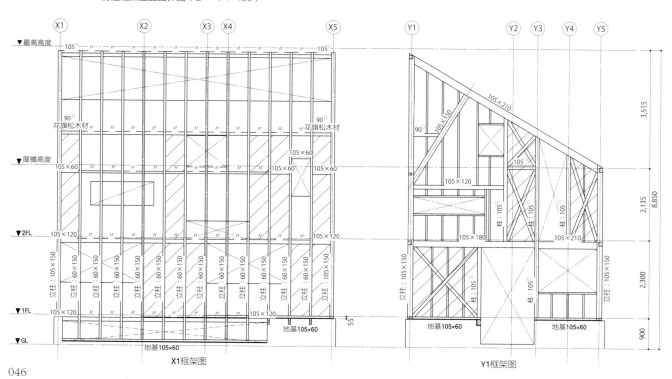

X1框架图

Y1框架图

房屋剖面图（S＝1：50）

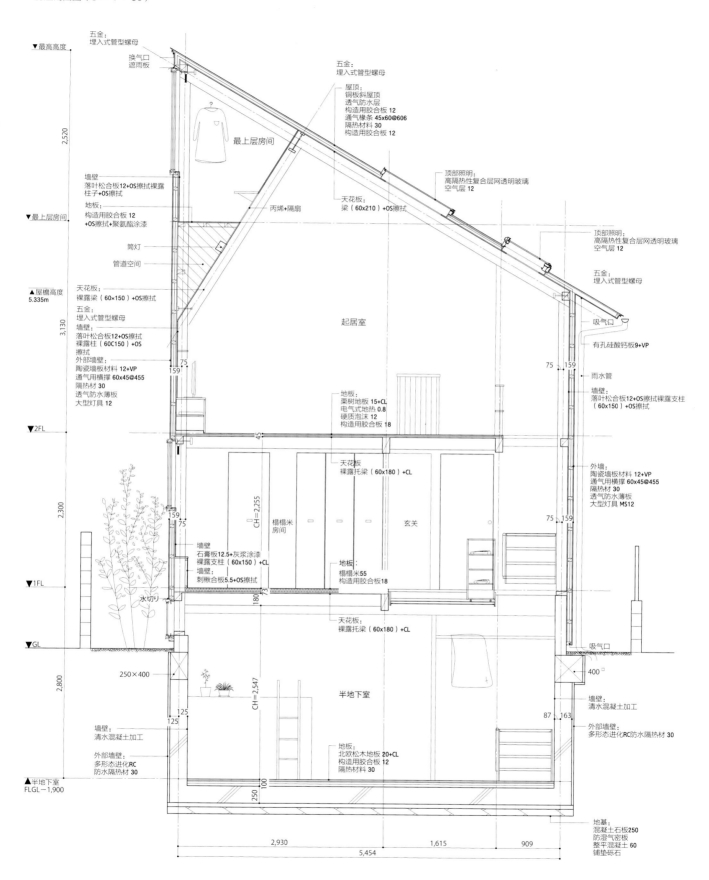

▼最高高度

五金：
埋入式管型螺母
换气口
遮雨板

五金：
埋入式管型螺母
屋顶：
铜板斜屋顶
透气防水层
构造用胶合板 12
通气橡条 45x60@606
隔热材料 30
构造用胶合板 12

2,520

最上层房间

顶部照明：
高隔热性复合层网透明玻璃
空气层 12

▼最上层房间

墙壁：
落叶松合板12+OS擦拭裸露
柱子+OS擦拭
地板：
构造用胶合板 12
+OS擦拭+聚氨酯涂漆

天花板：
梁（60x210）+OS擦拭

丙烯+隔扇

顶部照明：
高隔热性复合层网透明玻璃
空气层 12

筒灯

管道空间

五金：
埋入式管型螺母

▲屋檐高度
5.335m

天花板：
裸露梁（60×150）+OS擦拭
五金：
埋入式管型螺母
墙壁：
落叶松合板12+OS擦拭
裸露柱（60C150）+OS
擦拭
外部墙壁：
陶瓷墙板材料 12+VP
通气用横撑 60x45@455
隔热材 30
透气防水薄板
大型灯具 12

起居室

吸气口

有孔硅酸钙板9+VP

75  159

3,130

75  159

雨水管

墙壁：
落叶松合板12+OS擦拭裸露支柱
（60x150）+OS擦拭

75  159

地板：
栗树地板 15+CL
电气式地热 0.8
硬质泡沫 12
构造用胶合板 18

▼2FL

45

天花板：
裸露托梁（60x180）+CL

外墙：
陶瓷墙板材料 12+VP
通气用横撑 60x45@455
隔热材 30
透气防水薄板
大型灯具 MS12

159

75

CH=2,255

榻榻米
房间

玄关

75  159

2,300

墙壁：
石膏板12.5+灰浆涂漆
裸露支柱（60x150）+CL
墙壁：
刺楸合板5.5+OS擦拭

地板：
榻榻米 55
构造用胶合板 18

▼1FL

水切リ

180  73

天花板：
裸露托梁（60x180）+CL

吸气口

▼GL

250×400

400

2,800

125
125

CH=2,547

半地下室

墙壁：
清水混凝土加工

87  163

墙壁：
清水混凝土加工

外部墙壁：
多形态进化RC
防水隔热材 30

100
250

地板：
北欧松木地板 20+CL
构造用胶合板 12
隔热材料 30

外部墙壁：
多形态进化RC防水隔热材 30

▲半地下室
FLGL－1,900

地基：
混凝土石板250
防湿气密板
整平混凝土 60
铺垫砾石

2,930

1,615

909

5,454

me house（设计：若松均建筑设计事务所，摄影：新良太）

由于平面倾斜摆放，在视野中形成了不一样的角度，使梁的外形发生了变化

**简约风**
## 07 使外露结构看起来整洁 2

### 使用涂漆减少素材的粗糙感

梁和檩条上仍裸露在外的木纹被染成了白色，适度地减少了素材的粗糙感。

将梁和檩条染成白色，调整其外形

院子

阳台

N

屋顶采用拐角设计，类似于回旋镖的形状，此外还以方条形纵梁进行衬托，突出视觉效果，给人以深邃的空间感

屋顶平面图（S＝1：150）

房屋剖面图（S＝1：100）

屋顶：
纵向排列镀铝锌铜板
沥青屋面
构造用胶合板 12
通气檩条 45×60@455
挤压法聚苯乙烯泡沫
透气防水板
构造用胶合板 24

檐里天花板高度
▽GL＋6,881

229.32°

石膏板 12.5EP
构造用胶合板 12

外部墙壁：
金属墙板 18
通气横撑 2
透气防水板 8.2
构造用胶合板 12
毛玻璃 80

客厅

楼梯

屋檐高度
▽GL＋5,625

2.296

厨房

餐厅

2.468

2FL
GL＋4,130

地板 12
构造用胶合板 24

地板 12
构造用胶合板 24

330

2FL
GL＋3,280

CH＝2,250

承接用横木 @455
石膏板 9.5+EP

卧室

承接用横木 @455
耐水石膏板
9.5+EP

盥洗室

承接用横木 @455
硅酸钙板 6+VP

承接用横木 @455
石膏板 9.5+EP

CH＝2,100

主卧室

2.580

地板 12
构造用胶合板 12
地板垫材
地板托梁 45 @303
地梁 100 @910
格 90

强化玻璃门
+强化FIX玻璃

浴室

耐水石膏板 12+VP
构造用胶合板 12

1FL
GL＋700

超长氯乙烯树脂类板 2
胶合板
构造用胶合板 12

承接用横木
UB板
檐里天花板 12
RC清水混凝土
+防水材涂层

承接用横木
构造用胶合板 12
UB板檐里天花板 12

地板下空间

1F
GL＋1,700

▽GL±0

700

刷灰浆加工
（不锈钢线网）
铺设直径5左右
不锈钢嵌缝条 @3000

▽GL±0

1,700

1.200

1,600

混凝土石板 200
防湿气密板
整平混凝土 60
铺垫碎石 60

1,820    3,640

1,820    2,095    1,463    3,327

14,582

东户家之家（设计：若松均建筑设计事务所，摄影：西川公朗）

设置有高度差的整块倾斜的天花板

省略围边

以单一的素材整合形状不相同的空间

墙壁和天花板改用雪松木，地板选用落叶松木

将墙壁和天花板涂染成黑色

## 整块倾斜的天花板

经过杉木加工的有高度差的倾斜天花板，擦拭出白色线条。横向没有露出接缝，看起来整齐。

## 灵活使用四坡屋顶形状的空间

以单一的素材装饰四坡屋顶形状的多角形室，形成整齐、统一的室内装潢。

## 将墙壁和天花板涂染成黑色

涂漆可以很有效地减少木材的外形偏差，改变房屋的面貌。

**简约风**
# 08 让木板看起来清爽

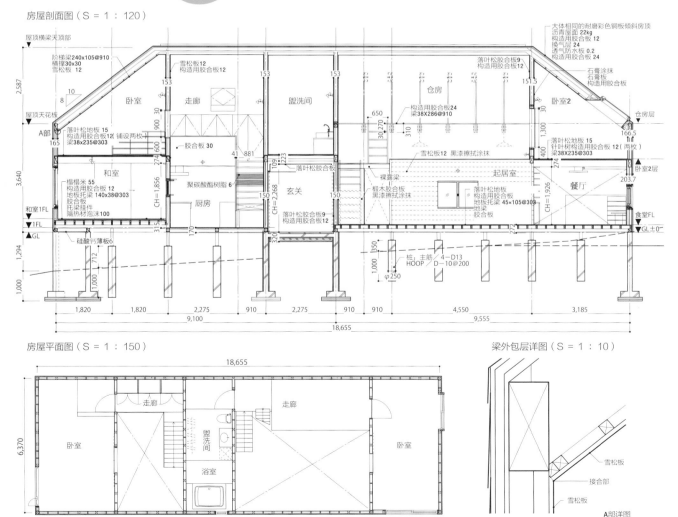

房屋剖面图（S = 1：120）

房屋平面图（S = 1：150）

梁外包层详图（S = 1：10）

奥蓼科之家（设计：若松均建筑设计事务所，摄影：平贺茂）

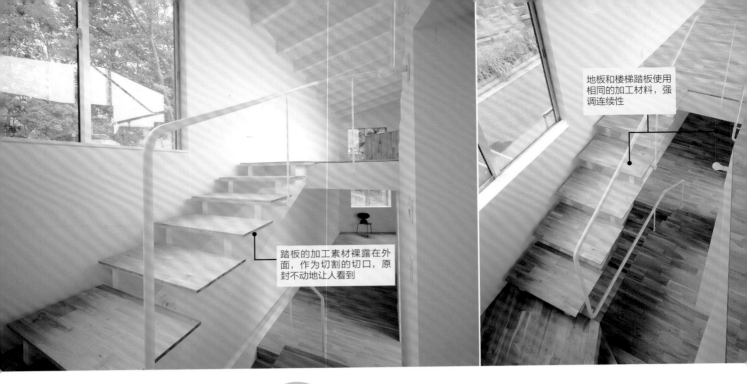

地板和楼梯踏板使用相同的加工材料，强调连续性

踏板的加工素材裸露在外面，作为切割的切口，原封不动地让人看到

# 地板和楼梯踏板的材料相同

## 地板原封不动的话，也会给楼梯带来变化

将地板作为踏板的加工材料，能感觉到地板的等级发生了持续的变化。

楼梯详图（S＝1：12）

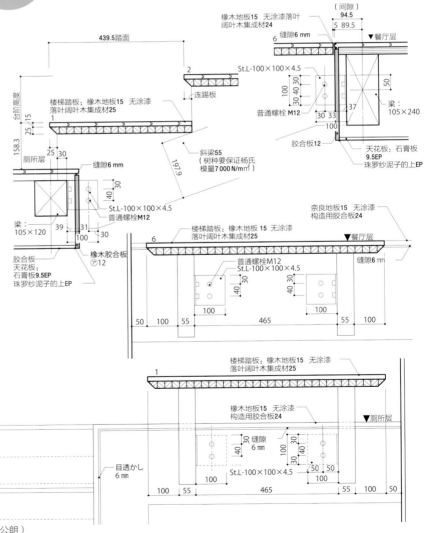

439.5踏面

楼梯踏板：橡木地板15 无涂漆
落叶阔叶木集成材25

连踢板

25 15
台阶高度

斜梁55
（树种要保证杨氏模量7 000 N/mm²）

197.9

158.3
厕所层

25 30

缝隙6 mm

St.L-100×100×4.5
普通螺栓M12

梁：
105×120

39 31 30
100

胶合板
天花板：
石膏板9.5EP
珠罗纱泥子的上EP

橡木胶合板⑦12

橡木地板15 无涂漆落叶阔叶木集成材24

（间隙）
94.5
5 89.5

缝隙6 mm
6

▼餐厅层

St.L-100×100×4.5

普通螺栓 M12

100 30 40 30
30 33
100

胶合板12

梁：
105×240

37

50

天花板：石膏板9.5EP
珠罗纱泥子的上EP

楼梯踏板：橡木地板15 无涂漆
落叶阔叶木集成材25

6

▼餐厅层

奈良地板15 无涂漆
构造用胶合板24

普通螺栓M12
St.L-100×100×4.5

40 30
30

40 30
30

100

100

缝隙6 mm

50 100 55

465

55 100

楼梯踏板：橡木地板15 无涂漆
落叶阔叶木集成材25

1

橡木地板15 无涂漆
构造用胶合板24

▼厕所层

40 30
30

缝隙
6 mm

100

40 30
30

50 50

目透かし
6 mm

St.L-100×100×4.5

100

100

100 55

465

55 100 50

东户家之家（设计：若松均建筑设计事务所，摄影：西川公朗）

建筑材料和家具的截面尺寸相接近，即使一体化也没有过多的违和感

以集成材打造的顶板丰富了空间细节，和谐地融入空间

## 简约风

# 10 结构和家具一体化

### 平等对待家具和结构

控制建筑材料的截面尺寸，使其与家具的材料和外观相接近，从而感觉不到两者的层次差别。

家具详图（S＝1：20）

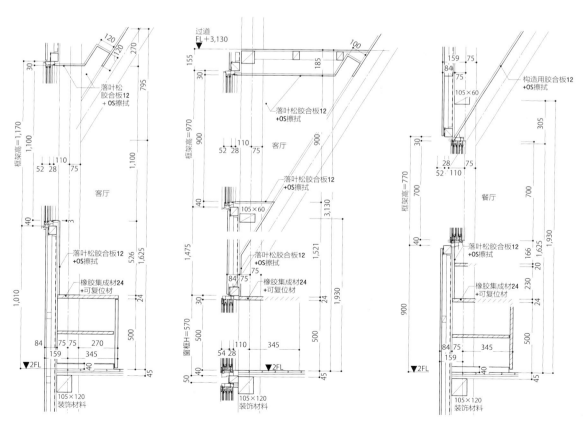

落叶松胶合板12 +OS擦拭

落叶松胶合板12 +OS擦拭

橡胶集成材24 +可复位材

105×120 装饰材料

过道 FL＋3,130

落叶松胶合板12 +OS擦拭

落叶松胶合板12 +OS擦拭

橡胶集成材24 +可复位材

105×120 装饰材料

构造用胶合板12 +OS擦拭

落叶松胶合板12 +OS擦拭

橡胶集成材24 +可复位材

105×120 装饰材料

me house（设计：若松均建筑设计事务所，摄影：新良太）

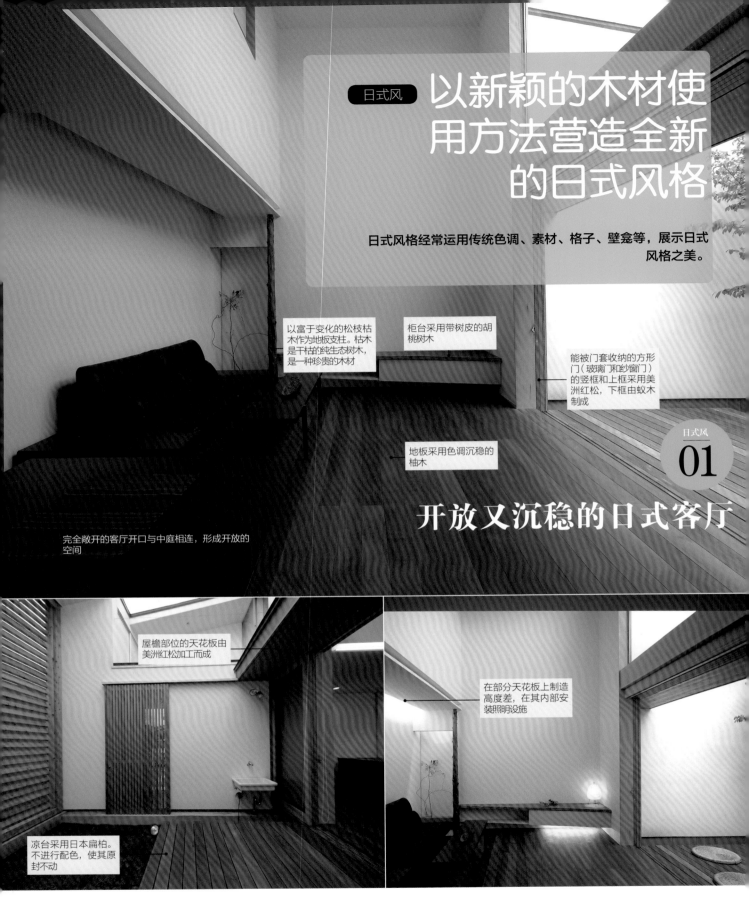

# 以新颖的木材使用方法营造全新的日式风格

日式风格经常运用传统色调、素材、格子、壁龛等，展示日式风格之美。

以富于变化的松枝枯木作为地板支柱。枯木是干枯的纯生态梾木，是一种珍贵的木材

柜台采用带树皮的胡桃树木

能被门套收纳的方形门（玻璃门和纱窗门）的竖框和上框采用美洲红松，下框由蚁木制成

地板采用色调沉稳的柚木

日式风

## 01

## 开放又沉稳的日式客厅

完全敞开的客厅开口与中庭相连，形成开放的空间

屋檐部位的天花板由美洲红松加工而成

在部分天花板上制造高度差，在其内部安装照明设施

凉台采用日本扁柏。不进行配色，使其原封不动

## 用百叶窗平缓分隔的中庭

凉台向前设置，突出开阔且紧凑的中庭。用饫肥杉制成的百叶窗遮住了通往户外的视线。

## 设置在客厅的梁托柜台

在墙壁骨架的横撑部位安装抛物线形状的收纳柜台。在下部装设了照明设备。

开口部位详图（S = 1：20）

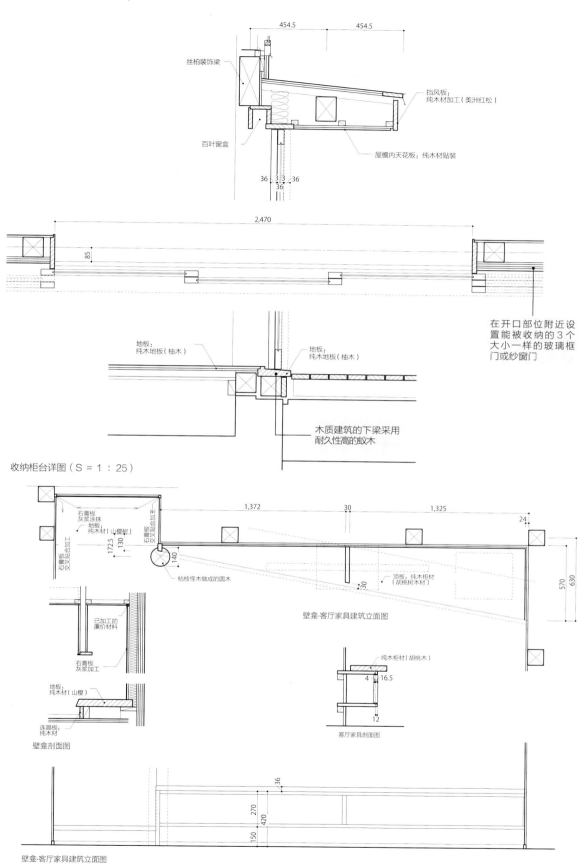

454.5    454.5

丝柏装饰梁

挡风板：
纯木材加工（美洲红松）

百叶窗盒

屋檐内天花板：纯木材贴装

36  33  36
36

2,470

85

地板：
纯木地板（柚木）

地板：
纯木地板（柚木）

在开口部位附近设
置能被收纳的3个
大小一样的玻璃框
门或纱窗门

木质建筑的下梁采用
耐久性高的蚁木

收纳柜台详图（S = 1：25）

石膏板
灰浆涂抹
地板：
纯木材（山樱）

1,372    30    1,325

24

石膏板
交叉贴合加工

石膏板
交叉贴合加工

172.5  130

石膏板
交叉贴合加工

140

枯枝怪木做成的圆木

30

顶板：纯木柜材
（胡桃树木材）

570  630

壁龛·客厅家具建筑立面图

已加工的
廉价材料

石膏板
灰浆加工

地板：
纯木材（山樱）

连踢板
纯木材

壁龛剖面图

纯木柜材（胡桃木）

4  16.5

12

客厅家具剖面图

36

270  420

150

壁龛·客厅家具建筑立面图

宽敞的家 -71（设计：宽大建筑工作室，摄影：宽大建筑工作室·吉田诚）

# 整洁、利落的日式用水空间

浴室的中庭铺设黑玉石

墙壁和地面铺设玄昌石风格瓷砖

浴室详图（S = 1：30）

**采用多元化天然木材的浴室**

天花板和墙壁采用尾鹫丝柏壁板、浴槽采用福建柏木。

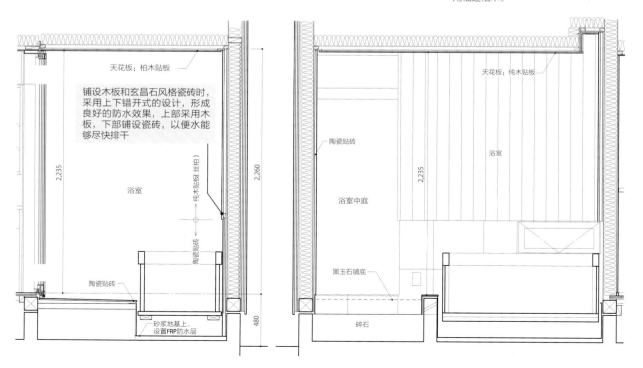

天花板：柏木贴板

铺设木板和玄昌石风格瓷砖时，采用上下错开式的设计，形成良好的防水效果，上部采用木板，下部铺设瓷砖，以便水能够尽快排干

2,235

浴室

纯木贴板（丝柏）

陶瓷贴砖

2,260

陶瓷贴砖

陶瓷贴砖

砂浆地基上，设置FRP防水层

480

天花板：纯木贴板

陶瓷贴砖

浴室

2,235

浴室中庭

黑玉石铺底

碎石

洗漱化妆台详图（S = 1：25）

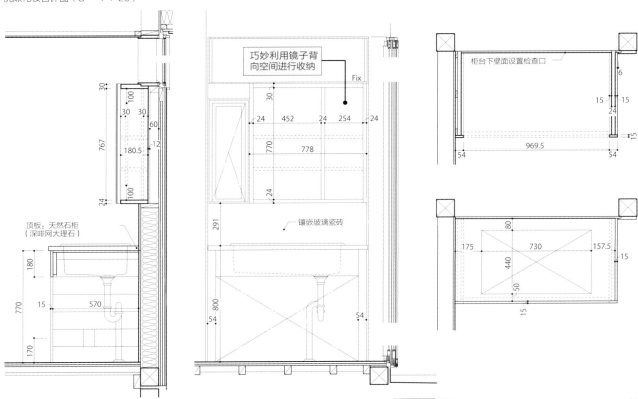

巧妙利用镜子背
向空间进行收纳

Fix

柜台下壁面设置检查口

顶板：天然石柜
（深啡网大理石）

镶嵌玻璃瓷砖

## 经过柚木加工的定制厨房

以与地板材料相同的缅甸柚木打造厨房门。

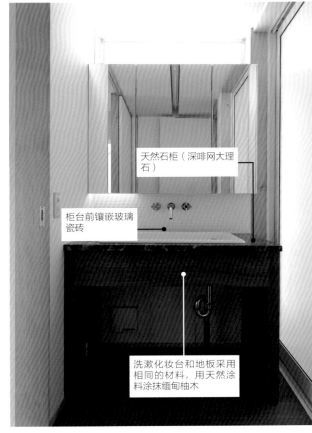

天然石柜（深啡网大理
石）

柜台前镶嵌玻璃
瓷砖

洗漱化妆台和地板采用
相同的材料，用天然涂
料涂抹缅甸柚木

## 洗漱化妆台（天然石柜）

天然石柜的深色柚木洋溢着冷峻的气息。

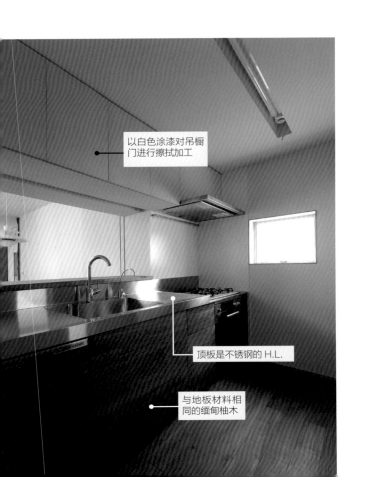

以白色涂漆对吊橱
门进行擦拭加工

顶板是不锈钢的 H.L.

与地板材料相
同的缅甸柚木

# 03 广泛使用各种木材的玄关

天花板由秋田杉壁板的残留木轮加工而成

地板支柱是用银杏打磨的圆木

地板和台阶是紫檀实木的

装饰板是楠木的，地板框是秋田雪松（直纹理）的

放鞋的石板是甲州鞍马石的

玄关框是黑核桃木的

**玄关素材各自拥有不同的象征意义**

为了不破坏整体色调和空间的氛围，因地制宜地使用各种材料。

以白色涂漆对收纳家具的门进行擦拭加工

装饰圆木使用松枝枯木的原木

台阶与地板均使用缅甸柚木，二者风格统一

玄关收纳柜的台面使用带皮的山矾

上框的槐木是豆科木的

玄关收纳详图（S＝1∶25）

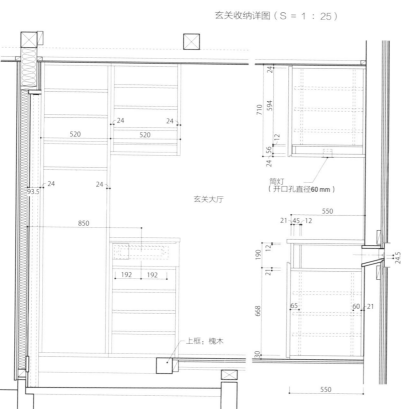

24  24

520

520

24  24

93.5

玄关大厅

850

192  192

上框：槐木

24

710

594

12

56

24

筒灯
（开口孔径**60 mm**）

21  45  12

550

190  12

21

24.5

668

65  60  21

30

550

玄关地板以灰抹灰浆加工

**玄关广泛使用各种剥皮、带皮的木材**

槐木、山矾等各种各样的木材营造了一个极具特色的"家"。

# 04 与凉台相连的整洁的客厅

天花板采用秋田杉木，并对其表面进行浮雕处理

壁面采用长形雪松

装饰原木是由北山丝柏打磨的圆木

阳台采用蚁木

地板是紫檀实木的，以天然涂漆加工

空间采用多种高档材料，总体效果给人以素净、洒脱的脱俗之感

以白色枫木对家具的门进行擦拭加工

柜台是黑胡桃木的

收纳家具的门与地板均使用紫檀木

装饰板的板材是西南华樱

**装饰板的木材质感细腻**

在客厅的侧面设置为了悬挂装饰画的装饰板。

**用高级木材打造的厨房**

色调浓郁的木材洋溢着冷峻的气息，与客厅的风格保持一致。

宽敞的家－71·72（设计：宽大建筑工作室，摄影：宽大建筑工作室·吉田诚）

照明给人的感觉温馨、自然，即使从户外也能感受到屋内的惬意

木纹清晰的雪松板

由美洲红松集成材制成的桌子，没有表面涂漆

为了简化清水混凝土的最后加工程序，广泛使用各种木材

# 减少使用清水混凝土的木材装饰

天花板使用无涂漆的雪松贴板

安置在清水混凝土墙壁上的附墙柱采用120mm×90mm的铁杉

椅子由高山木（岩石、石头）制成

架子下的护壁铺设竹栅胶合板

附墙柱和齐腰高的架子等洋溢着淳朴的木质气息

在装饰架的上面保留了少许空间，装入 LED 照明灯

墙壁石膏板基底外部以沙砾喷涂加工

在墙壁内设置拉门

## 小型装饰架

走廊深处的装饰架使用美洲红松。

## 拉门开闭的装饰架

装饰架的架板使用黄扁柏，墙壁表面加入稻草，自然且质朴。

日式风

# 06 日式风格的装饰架

## 两层装饰架

在装饰架的内部再设置一个装饰架，形成笔直的空间视野。

装饰架剖面图（S＝1∶30）

在石膏板基底上加入稻草的天然墙壁

装饰架的架板使用美洲红松

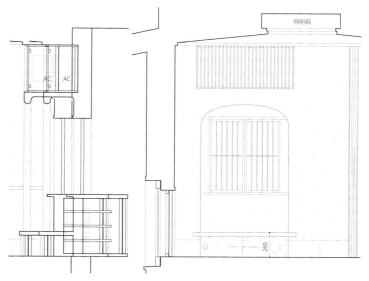

照明箱

260

一东庵·枫燕居·紫野（设计：川口通正建筑研究所，摄影：小林浩志）

天花板涂抹土佐灰浆

简约的吊灯

棉布（帆布）的质地是厚布料的，下面作为收纳抽屉

地板由 150 mm 宽的土佐铁杉制成。涂漆是 Osmo 的地板清漆涂料

LDK 的一侧面向户外敞开，与庭院相连

日式风
**07**

# 赋予客厅宽松感的固定沙发

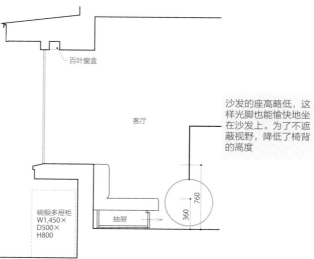

## 设置在客厅侧面的固定沙发

在沙发里设有装饰架，并设置 FIX 窗户。

固定沙发展开剖面图（S = 1 : 40）

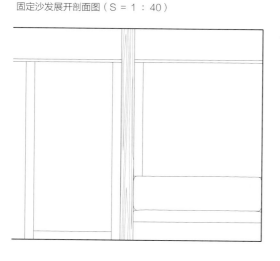

百叶窗盒

客厅

沙发的座高略低，这样光脚也能愉快地坐在沙发上。为了不遮蔽视野，降低了椅背的高度

760

360

碗橱多屉柜
W1,450×
D500×
H800

抽屉

书架采用栎木复合板制成，表面使用Osmo净味涂漆

展开的沙发也可以作为一张大床

地板铺设橡木复古材料板

书房中放置厚重的书架

# 赋予空间庄重感的厚重家具

### 大面积的固定书架

2 070 mm×2 550 mm 的巨大书架，收纳格是由不锈钢螺栓进行固定的，所以是可拆卸的。

枫燕居（设计：川口通正建筑研究所，摄影：小林浩志）

书房展开剖视图（S = 1：40）

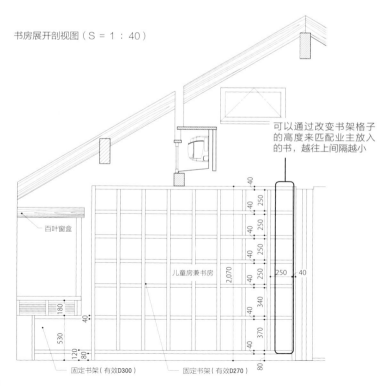

可以通过改变书架格子的高度来匹配业主放入的书，越往上间隔越小

百叶窗盒

儿童房兼书房

2,070

固定书架（有效D300）　　固定书架（有效D270）

# 作为主流的现代和室装修风格

在书房中制作镂刻透雕

梁与壁龛平行放置

在墙壁的下半部分贴壁纸

壁龛旁边的置物台以及搁架已被省略，取而代之的是采用了网格窗

被设置在榻榻米地板上的"正式壁龛"

对日式客厅风格的把握，充分体现了设计师的独具匠心

## 高品位的壁龛

被叫作"正式壁龛"的壁龛由各种装饰物件构成，风格各异。

## 照明器具尽量隐藏起来

原本在日式客厅中照明器具是不存在的，所以被隐藏的照明器具能够与空间风格完美融合。

在天花板上不用照明器具而使用间接照明

## 在壁龛框和榻榻米边缘展现空间品位

壁龛框和榻榻米具有很强的装饰性。斟酌自己的构思也是很愉快的过程。

## 壁龛的天花板独具匠心

相比较房屋的天花板，壁龛的天花板别出心裁地使用了竹席与和纸。

## 书房的窗楣也是别出心裁的地方

书房的窗楣是极具创意的地方。装饰图案契合了建筑设计理念，妙趣横生。

榻榻米的边缘以高档花边方格进行点缀

壁龛框采用雪松木，并以黑漆进行涂抹。上面的部分不刷漆

大厅平面图（S＝1∶60）

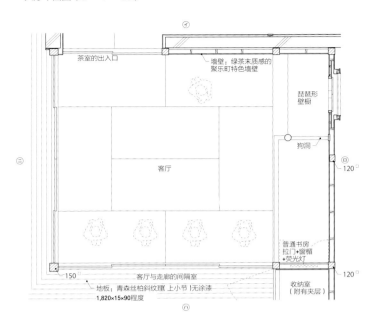

茶室的出入口

墙壁：绿茶末质感的
聚乐町特色墙壁

琵琶形
壁橱

狗洞

客厅

120口

普通书房
拉门+窗棚
+荧光灯

120口

150

客厅与走廊的间隔室
地板：青森丝柏斜纹理（上小节）无涂漆
1,820×15×90程度

收纳室
（附有夹层）

大厅立面图

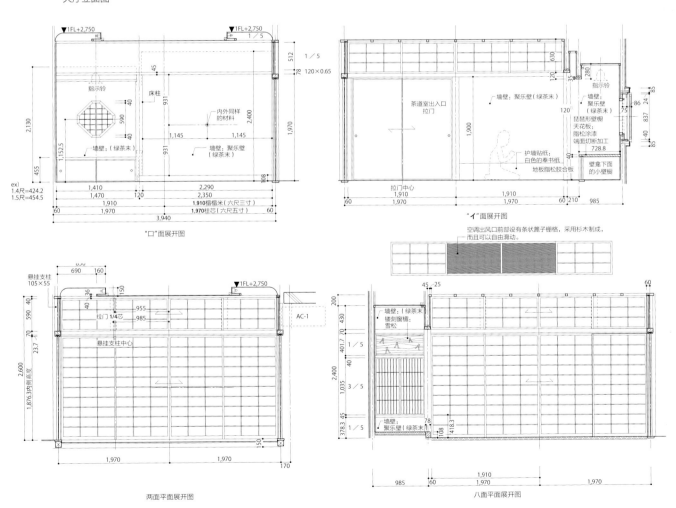

▼1FL+2,750    ▼1FL+2,750    1／5

512
78  120×0.65    1／5

45

指示铃

床柱

931

内外同样
的材料

2,400
1,970

2,130

590
40

931

1,145  1,145

40

墙壁：（绿茶末）

墙壁：聚乐壁
（绿茶末）

1,152.5

1,145  1,145

455

1,108

ex)
1.4R=424.2
1.5R=454.5

1,410    2,290
1,470  120    2,350
1,910    1,910揚榻米（六尺三寸）
1,970    1,970柱芯（六尺五寸）
60        60
3,940

"口"面展开图

630

120    35

280

指示铃

茶道室出入口
拉门

墙壁：聚乐壁（绿茶末）

1,900

墙壁：
（绿茶末）

120
86
24
75
85

琵琶形壁橱
天花板：
脂松涂漆
端面切断加工
728.8

护墙贴纸：
白色的奉书纸
地板脂松胶合板

壁龛下面
的小壁橱

40
85

拉门中心
1,910    1,910
1,970    1,970
60  210    985

"イ"面展开图

空调出风口前部设有条状篱子栅格，采用杉木制成，
而且可以自由滑动。

悬挂支柱
105×55

650
690  160

▼1FL+2,750

40  36
40

150

955
985

拉门1/4芯

AC-1

590
70
23.7

2,600
1,876.3内侧高度

悬挂支柱中心

1,970    1,970
170

两面平面展开图

45  25

200
430

墙壁：（绿茶末）

镂刻窗棚：
雪松

401.7
1／5
40

2,400

1,035
1／5

墙壁：聚乐壁
（绿茶末）

378.3  45

78
1／5

108
418.3

985    60    1,910    1,970

八面平面展开图

60

设计：OCM 一级建筑师事务所

# 10 活用"临摹"手法

天花板和窗户的构成要
遵从原版设计，选择合
适的护壁贴纸素材

## 以独特的元素诠释经典

根据建筑物的结构和使用状况，
加以独特的元素。

关闭入口的话，则露出
玻璃地板（浮动地板）

如果下部加装壁龛，那
么可以先用钉子钉出一
个壁龛轮廓。为了突出
壁龛的形状，可以在四
周嵌入装饰条

墙壁与拉门框架的接
合处以里子布装饰

按照原版设计，三张榻榻
米垫子平行铺设，即所谓
"平三式"。根据实际情况，
灵活地布置暖炉

灵活地使用"临摹"手法装饰
空间

## 别出心裁的天花板
## 是和室的趣味所在

天花板的设计要有创意，
可以斟酌采用各种日式风
格建筑。

参照原版设计，雪松
框架的间隙采用竹席
贴板和芦苇胶合板的
搭配

## 将壁龛设置成挂物板

在原版设计中有壁龛的地方放
置挂物板，同时添加装饰物，
展现传统风格特色。

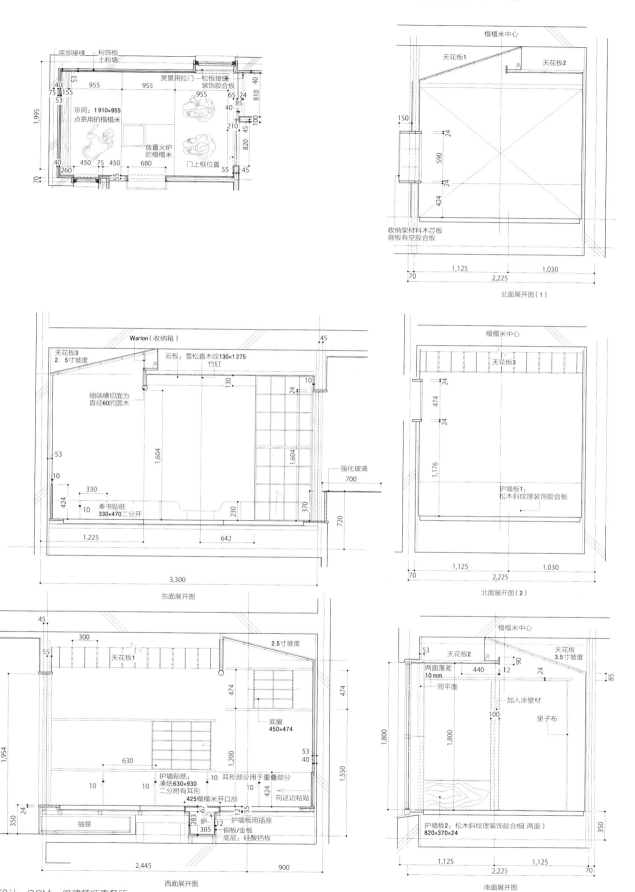

茶室平面图（S = 1 ∶ 50）

茶室立面图（S = 1 ∶ 40）

底部接缝　粉饰板
土粉墙
赏景用拉门—松板接缝
装饰胶合板

京间：1910×955
点茶用的榻榻米

放置火炉
的榻榻米

门上框位置

榻榻米中心
天花板1
天花板2

收纳架材料木芯板
背板有空胶合板

北面展开图（1）

Warlon（收纳箱）

天花板3
2. 5寸坡度
云板：雪松直木纹130×1 275
竹钉

细端横切面为
直径60的圆木

强化玻璃

奉书贴纸
330×470二分开

东面展开图

榻榻米中心
天花板3

护墙板1：
松木斜纹理装饰胶合板

北面展开图（2）

天花板1
2.5寸坡度

底窗
450×474

护墙贴纸：
凑纸630×930
二分附有耳形

抽屉

炉

护墙板用插座

耳形部分用于重叠部分
425榻榻米开口部
向这边粘贴
铜板/金板
底层：硅酸钙板

西面展开图

榻榻米中心
天花板2
两面落差
10 mm
天花板
3.5寸坡度

同平面
加入涂壁材
里子布

护墙板2：松木斜纹理装饰胶合板（两面）
820×370×24

南面展开图

设计：OCM 一级建筑师事务所

065

省略地板支柱、横木的洞形壁龛

没有将榻榻米铺满整个房间，从而让客厅的空间配置变得灵活

省略边框的壁龛踏板

适度放宽的现代风格壁龛

以按太鼓拼贴的拉门和没有边缘的方形榻榻米，极具日式风格特色

## 日式风 11 休闲和室的构成

### 摆脱榻榻米模块

在周围设置木板空间，房间的大小和横纵比将变得灵活。

### 收纳空间是安装照明设施的地方

和室中的壁橱式收纳空间是容易安装间接照明设施的地方。

在收纳空间的上下部位安装间接照明设施

### 日式拉门采用大网格设计，更加彰显日式风格特色

将窗格条的网格放大，将其装饰成令人印象深刻的现代风格拉门。

采用大网格进行分割，营造现代感

兼具照明功能的装饰架

### 兼具照明功能的装饰架

在装饰架中装入照明设施，放置灯具并且不要露出，夜间也是很漂亮的。

茶室平面图（S = 1 : 60）

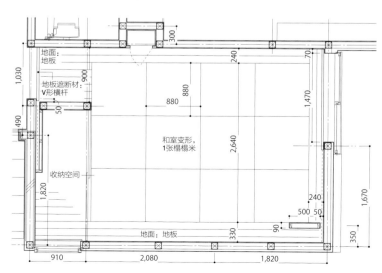

地面：地板

地板遮断材：V形横杆

收纳空间

和室变形，1张榻榻米

地面：地板

茶室立面图（S＝1：40）

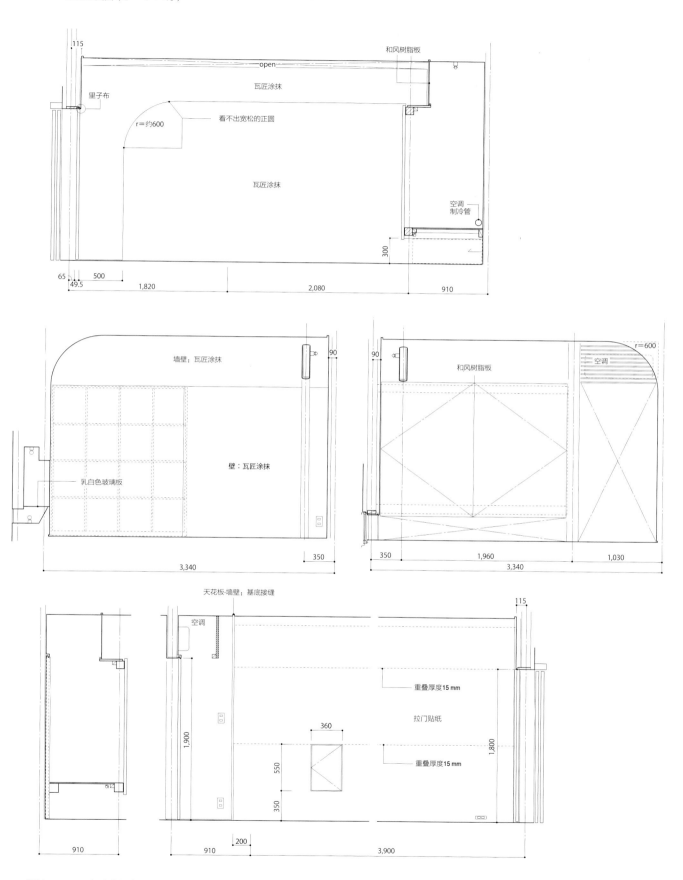

115

open

和风树脂板

瓦匠涂抹

里子布

r=约600

看不出宽松的正圆

瓦匠涂抹

空调
制冷管

300

65  500
49.5

1,820

2,080

910

墙壁：瓦匠涂抹

90

90

和风树脂板

r=600

空调

乳白色玻璃板

壁：瓦匠涂抹

350

3,340

350

1,960

1,030

3,340

天花板·墙壁：基底接缝

空调

115

重叠厚度15 mm

1,900

360

拉门贴纸

重叠厚度15 mm

1,800

550

350

910

200

910

3,900

设计：OCM 一级建筑师事务所

## 以门窗围合空间，尽显现代时尚

内部门窗和遮光材料饰以现代装饰物，在"和式"印象中增添了些许现代时尚。

与和室拉门相比，铝质拉门与纵向排列的百叶窗形成更加完美的融合

开口部分好像一个小壁橱

整个空间好像一个壁龛

榻榻米的表面运用多种色调，其设有棱边，仅以化学纤维装饰周边

与中间没有天花板的房屋相契合，自然而然地表现出天花板的阶段性

铺设榻榻米，使其与地板没有高度差，强调连续性

## 不拘一格地运用"和式"元素

不拘一格地加入壁龛和小壁橱等"和式"元素，即使作为独立的空间也是很合适的

## 要与客厅地板一样高

与客厅同一高度地铺设榻榻米，降低了榻榻米的独立性，营造出空间的一体感。

以铝质拉门装饰，尽显现代时尚

## 日式风 12 与榻榻米相连的现代风格空间

以卷帘划分榻榻米是最简便的方法

将其关闭，榻榻米消失了，从而抑制了"和式"印象

## 以卷帘消除隔阂

消除房间隔阂最简易的方法是悬挂卷帘。其能够使榻榻米和谐地融入空间。

设计、施工：千岁房屋有限公司

### 具有怀旧氛围的厨房

以色调浓郁的木材和瓷砖装饰房屋，契合了业主的怀旧情结。

瓷砖采用 MK-069/R61 柳茶色美浓古窑（名古屋马赛克瓷砖）

将水曲柳集成材用褐色涂漆涂饰成与厨房颜色相匹配的浓郁的色调

厨房的墙壁和天花板采用环保涂装布料

厨柜门面板采用褐色涂漆涂抹的斜纹理雪松木

顶板采用水曲柳集成材，并以褐色涂漆涂装

地板是纯木的（宽松木，半透明）

顶板采用水曲柳集成材，并以褐色涂漆涂装

---

日式风

# 13 融入民俗艺术的现代风格"和式"用水空间

毛巾挂帘以 36 SBAN 的古色黄铜装饰（GORIKI）

墙壁采用 EM 硅藻土

洗漱盆是漆黑的脸盆（ESSENCE）

#### 色调冷峻的"和式"洗漱台

镶嵌的瓷砖和木材均使用焦茶色调，强调了"和式"空间氛围。

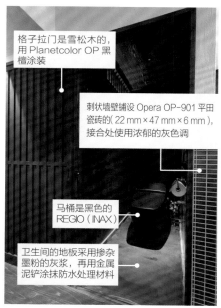

格子拉门是雪松木的，用 Planetcolor OP 黑檀涂装

刺状墙壁铺设 Opera OP-901 平田瓷砖的（22 mm×47 mm×6 mm），接合处使用浓郁的灰色调

马桶是黑色的 REGIO（INAX）

卫生间的地板采用掺杂墨粉的灰浆，再用金属泥铲涂抹防水处理材料

#### 现代风格"和式"卫生间

瓷砖和马桶均是黑色的，现代风格"和式"厕所中铺设了别致的地板，格子拉门也是典型的"和式"元素。

F 宅邸·S 宅邸（设计、施工：OKUTA）

# 诠释底蕴深厚的自然风格

由地板和米白色墙壁构成的自然风格，差异化是其特色，多样化的木材是其经常运用的手段。

经过涂漆的梁成为空间的视觉焦点

天花板采用环保涂装布料，墙壁采用硅藻土

在与腰齐高的位置贴装马赛克瓷砖，俏皮可爱

地板采用色调庄重的橡木

开阔的房间设有天花板，其与色调庄重的橡木地板令人倍感舒适

**自然风**

# 01 活用房屋中的梁

L 宅邸（设计、施工：OKUTA）

墙壁和天花板采用
EM硅藻土，色调
柔和

斜支柱的架子采用
水曲柳集成材，以
Planetcolor涂料涂装

在外露的柱子和梁
上涂抹涂料，强调
木质结构感

位于LDK中央的柱子经过涂抹，成为室
内装潢的中心

厨房的柜台采用名古屋马赛
克瓷砖的WINE COUNTRY
（EL－D1310）系列

### 具有亚洲风情的
### 藤木沙发

价格比较便宜，而且藤木
沙发与自然风格室内装潢
形成完美的融合。

### 古典风格的
### 木质桌子

底蕴深厚的自然风格室内
装修，经常以一些装饰性
强的家具调和空间气氛。

厨房的侧面以Woodone
既成品装饰

### 以瓷砖和装饰板装饰
### 厨房

侧面贴装装饰板，柜台贴装
瓷砖，俏皮可爱。

N宅邸（设计、施工：OKUTA）

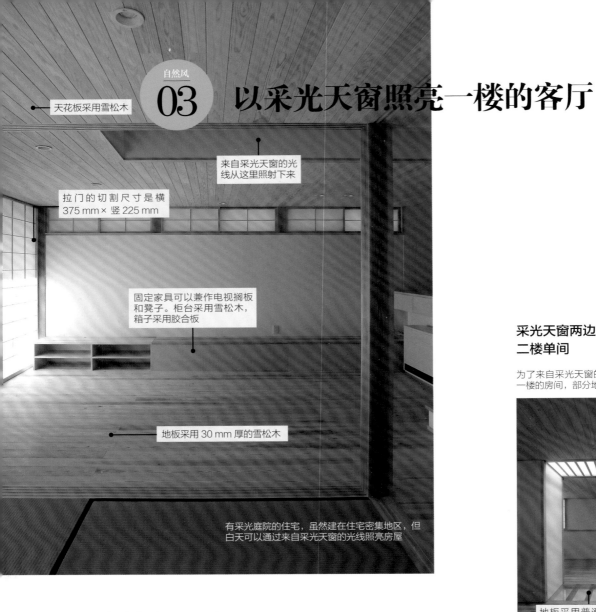

# 以采光天窗照亮一楼的客厅

天花板采用雪松木

来自采光天窗的光线从这里照射下来

拉门的切割尺寸是横375 mm×竖225 mm

固定家具可以兼作电视搁板和凳子。柜台采用雪松木，箱子采用胶合板

地板采用30 mm厚的雪松木

有采光庭院的住宅，虽然建在住宅密集地区，但白天可以通过来自采光天窗的光线照亮房屋

### 采光天窗两边的二楼单间

为了来自采光天窗的光线能够射入一楼的房间，部分地板是玻璃的。

地板采用普通玻璃和强化玻璃组成的复合玻璃板进行铺装

### 从一楼可以看到射入的光线

经过采光天窗正下方的百叶窗、毛玻璃以及二楼的玻璃地板，光线射入一楼。

采光天窗详图（S＝1：12）

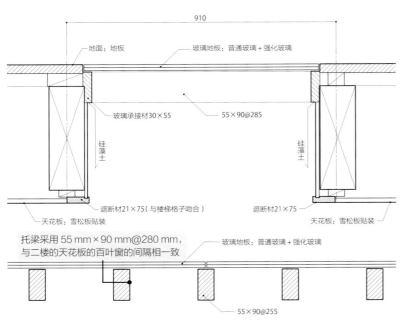

910

地面：地板

玻璃地板：普通玻璃＋强化玻璃

玻璃承接材30×55

55×90@285

硅藻土

硅藻土

遮断材21×75（与楼梯格子吻合）

遮断材21×75

天花板：雪松板贴装

天花板：雪松板贴装

托梁采用55 mm×90 mm@280 mm，与二楼的天花板的百叶窗的间隔相一致

玻璃地板：普通玻璃＋强化玻璃

55×90@255

有采光庭院的住宅（加贺妻建筑公司／设计：高桥一综、棚桥由佳，监管：岩本龙一，木工：铃木明宏）

# 04 以固定的家具装饰客厅

## 固定的木质座椅

由木匠制作的固定座椅，柜台采用雪松木，箱子采用胶合板

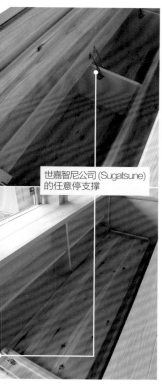

世嘉智尼公司（Sugatsune）的任意停支撑

座椅下面（上图）的中间可以当作收纳空间，背面（下图）的中间可以当作书架。

学习角中的楼梯平台，地板采用雪松木

固定的座椅也可兼具收纳功能

圆形的餐桌采用雪松木

地板采用雪松木

客厅中摆放着由木工制作的书桌、餐桌、座椅等各种各样的家具

座椅详图（S = 1：30）

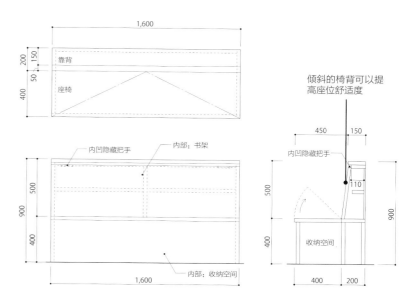

靠背

座椅

1,600

200
150
50
400

内凹隐藏把手

内部：书架

500
900
400

1,600

内部：收纳空间

倾斜的椅背可以提高座位舒适度

450
150

内凹隐藏把手

110

500
900

收纳空间

400

400
200

楼梯舞台的家（加贺妻建筑公司／设计：高桥一综、代田伦子，监管：岩本龙一，木匠：原拓）

组合式家具详图（S = 1：40）

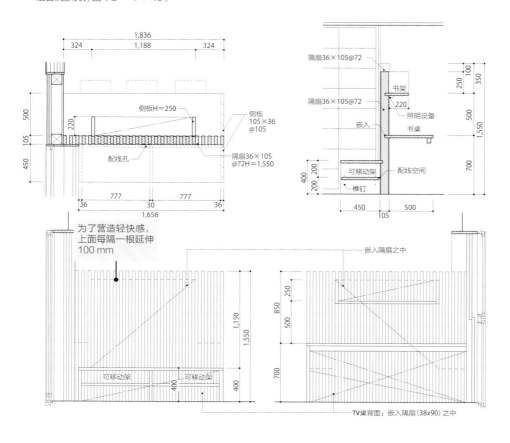

为了营造轻快感，
上面每隔一根延伸
100 mm

嵌入隔扇之中

可移动架　可移动架

TV桌背面：嵌入隔扇（38x90）之中

**具有纵向隔扇的组合式家具将房间隔断**

该家具套件由电视柜以及其背面的书桌构成，隔扇起到隔断书房的作用。

# 摆放拥有纵向隔扇的组合式家具的客厅

隔扇由雪松木组合而成（38 mm×90 mm）。一根一根的雪松木被加以固定，形成隔扇

玻璃窗框采用美洲红松

电视桌是木匠制作的，木材是美洲红松

OM 木质的阳光客厅的面积并不大，但得益于楼梯井以及通透式连廊阳台，空间不会令人感到狭小与压抑

地板采用无节点的雪松木

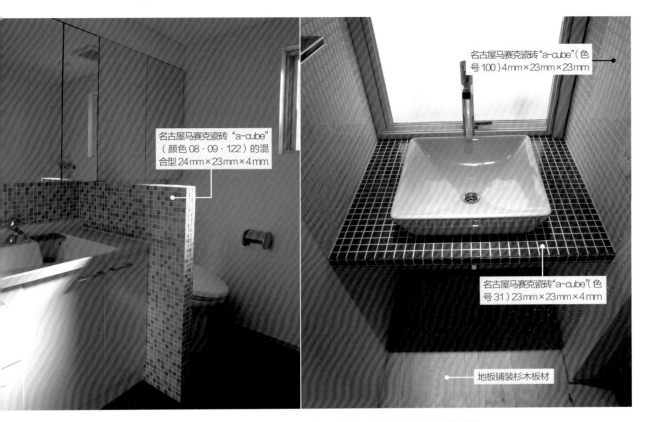

名古屋马赛克瓷砖"a-cube"（颜色08·09·122）的混合型24mm×23mm×4mm

名古屋马赛克瓷砖"a-cube"（色号100）4mm×23mm×23mm

名古屋马赛克瓷砖"a-cube"（色号31）23mm×23mm×4mm

地板铺装杉木板材

**分隔厕所与洗漱台的隔板以马赛克瓷砖装饰**

厕所和洗漱台的隔板以马赛克瓷砖装饰，线条简约，色调柔和（能举办迷你演唱会的"コ"字住所）。

**广泛使用马赛克瓷砖的洗漱台**

柜台顶部和墙壁安装广泛使用马赛克瓷砖的洗漱台。没有使用胶合板，洗漱盆的构造很简单。

用水空间详图（S = 1：40）

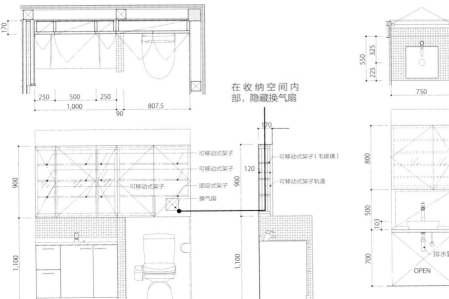

在收纳空间内部，隐藏换气扇

可移动式架子
可移动式架子
固定式架子
换气扇
可移动式架子（毛玻璃）
可移动式架子轨道

洗漱台详图（S = 1：40）

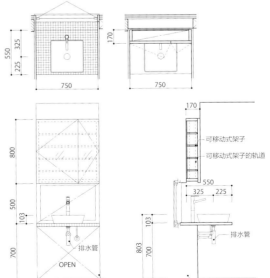

可移动式架子
可移动式架子的轨道
排水管
OPEN
墙壁排水（附加墙壁）

OM木质阳光客厅。（加贺妻建筑公司／设计：高桥一综、代田伦子，监管：古村政宏，木工：铃木明宏）
能举办迷你演唱会的"コ"形住所（加贺妻建筑公司／设计：高桥一综、代田伦子，监管：岩本龙一，木工：冈野雅春）

在墙壁和天花板上装饰纸布料并涂抹灰浆

考虑到玻璃窗框等的木质结构可以防雨，在外部附加木框，另外尽可能隐藏框架

书桌的柜台采用水曲柳集成材

玄关土间采用砂浆

地板采用有节点的雪松木

矮桌采用 J 面板

这是 M 先生拥有的第二套房，图片中展示了其起居室的照片。天井的高度较低，仅为 2 227 mm；地板是下沉式的，平面下沉量为 400 mm

桌子周边剖面图（S = 1：10）

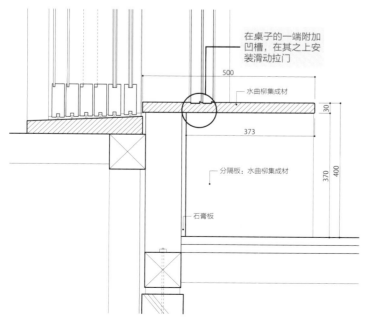

在桌子的一端附加凹槽，在其之上安装滑动拉门

水曲柳集成材

500

30

373

分隔板：水曲柳集成材

370

400

石膏板

厨房的地板采用软木砖

### 地板高度会变化的厨房

厨房的地板比客厅的地板低 400 mm。因此，与坐在客厅地板上的人视线平齐。

M 住宅·N 住宅（设计、施工：居住空间设计 LIVES／CoMoCo 建筑工作室）

火炉的背面采用薄片的大谷石

天花板原封不动地活用了现有的木板

门板采用白色 OP 涂料涂抹的柳安胶合板

里侧是厨房的工作台，里面设置了厨房收纳架

电视桌的柜台采用水曲柳集成材

地面采用有节点的雪松木

下部门板是由白色 OP 涂料涂装而成的蚊帐质地的柳安胶合板

组合式家具丰富了客厅，改善了原先的空间格局

组合式家具剖面图（S = 1：25）

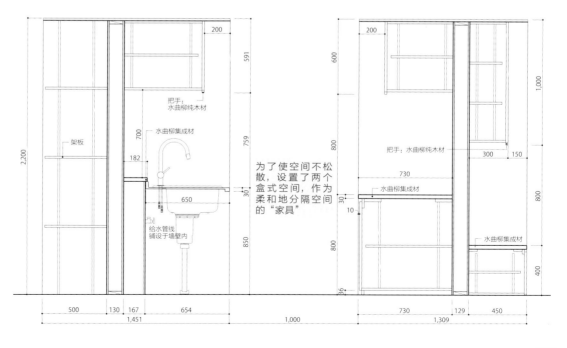

架板

2,200

200

591

把手：水曲柳纯木材

700

水曲柳集成材

182

30

650

759

给水管线铺设于墙壁内

850

500　130　167　654

1,451

为了使空间不松散，设置了两个盒式空间，作为柔和地分隔空间的"家具"

1,000

200

600

1,000

把手：水曲柳纯木材

300　150

730

800

水曲柳集成材

30

10

水曲柳集成材

800

水曲柳集成材

36

400

730　129　450

1,309

# 装潢客厅时，还必须考虑到各种木材本身的性状区别

柳安木材质的天花板，由于其颜色略重，所以给人一种深沉的感觉

可以收放六扇拉门的拉门收纳套。从外到里的顺序为：防雨门板、苇帘门（纱窗门）玻璃窗框

墙壁以灰浆涂抹

这根显眼的柱子采用打磨的圆木

地板采用栎木

E 住宅的客厅

开口部位剖面图（S = 1：15）

梁：270×105
上行梁：240×105

吊木

345

27

45

90

拉门　拉门

玻璃窗　玻璃窗　纱窗　纱窗　纱窗　纱窗

▼框架下端要平齐（重要）

热镀铝锌钢板卷（颜色：棕色）

18

90

12

无噪声滑轨

38

走廊龙骨架

门槛和架板采用平板，易于更换

## 木质苇帘门可以兼作纱窗

在窗框的内侧贴装了纱网和苇帘。具有除虫和遮挡日光、视线的效果。

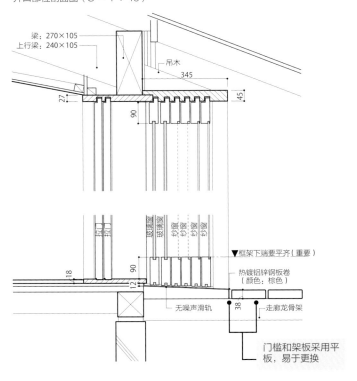

## 6 张开 +2 张开的大开口门槛

在室内侧拉门的门槛上，贴装以柚木作为衬里的 FRP 门槛胶带。架板采用北美圆柏。

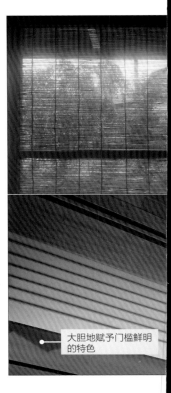

大胆地赋予门槛鲜明的特色

E 住宅（设计、施工：居住空间设计 LIVES/CoMoCo 建筑工作室）

# 像餐具架一样的厨房

架子采用柳安木，以墙壁内的横撑支撑其伸出

为了彰显舒畅感，围边采用黄土色调。护墙板采用柳安木，营造庄重的气氛

玻璃的拉门使用 Saint-Gobain 花纹玻璃

抽屉面采用白色涂漆的柳安胶合板，把手采用柳安木

柜台的柳安集成材要涂抹植物油

厨房经过了木匠的巧妙施工，在部分收纳空间中嵌入玻璃门等

## 厨房工作台剖面图（S＝1：30）

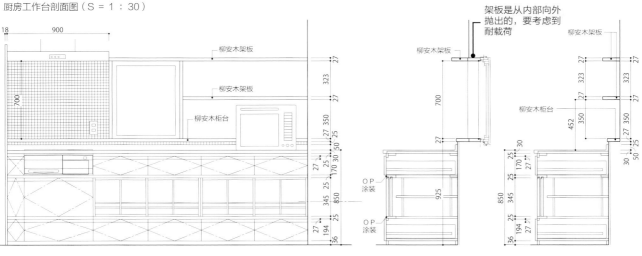

架板是从内部向外抛出的，要考虑到耐载荷

柳安木架板
柳安木柜台
OP涂装
OP涂装

---

### 抽屉的把手采用柳安木

把手采用坚硬的柳安木。厚重的色调，营造了独特的怀旧氛围。

### 拉门的玻璃使用花纹玻璃

花纹玻璃要使用 Saint-Gobain 花纹玻璃。隔着玻璃朦胧地透射出餐具。

## 把手详图（S＝1：4）

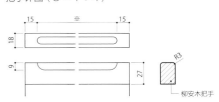

柳安木把手

## 11 风格自然的洗漱台

马赛克天然大理石 RA0501（advan）

洗漱台采用水曲柳集成材，由氨基甲酸乙酯涂料涂抹而成

洗漱台面采用复古材质，涂抹保护油

**马赛克纯木洗漱台**

洗漱台由马赛克水曲柳集成材构成，明亮且柔和。

**以复古材料打造的庄重的洗漱台**

洗漱台面的风格是复古的，营造了咖啡厅般的氛围。

## 12 以瓷砖装饰玄关

**玄关铺设色调明亮的瓷砖**

色调明亮的瓷砖消除了玄关的暗淡。

**以各种各样的瓷砖装饰**

土间、玄关地板和走廊，这三个地方的瓷砖尺寸各异。

墙壁采用 EM 硅藻土（白菊）

土间采用 assisi 瓷砖，尺寸为 150 mm×150 mm（名古屋马赛克瓷砖）

上框镶嵌马赛克天然大理石 RA0509（advan）

地板采用经过压花处理的松木卷材

## 榻榻米客厅和由 J 面板制成的矮桌

在榻榻米的客厅中，一家人可以围绕矮桌席地而坐，隔扇窗是典型的日式风格元素。

## 可以席地而坐的地板和由 J 面板制成的矮桌

便于就座的矮桌，并没有设置与客厅的高度差。

矮桌详图（S = 1 : 10）

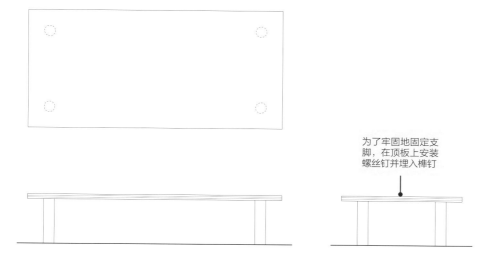

为了牢固地固定支脚，在顶板上安装螺丝钉并埋入榫钉

L 住宅·M 住宅·O 住宅（设计、施工：OKUTA）
S 住宅·M 住宅（设计、施工：住宅空间设计 LIVES/CoMoCo 建筑工作室）

电视机搁板制作的关键点

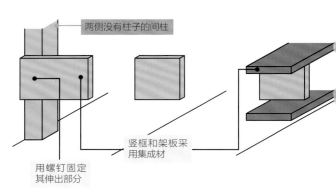

两侧没有柱子的间柱

竖框和架板采用集成材

用螺钉固定其伸出部分

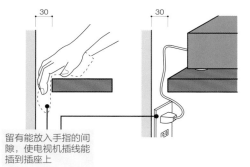

30

30

留有能放入手指的间隙，使电视机插线能插到插座上

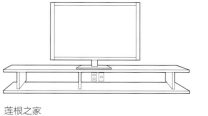

莲根之家

在竖长的收纳空间中，随机地安装横向搁板

### 横纵非对称的展开

在两边设置横纵方向的长架子，融入非对称性的设计。

将面板紧密相连，强调非对称性

### 到天花板为止全是收纳空间，营造出非对称性

无挑高天花板的收纳空间中，架板是非对称的，无意间改变了书架的高度。

# 从柱子中伸出的电视机搁板

### 合理的施工方案

竖框从柱子中伸出，可以兼作分隔板，好像一个外观简约的"漂浮的箱子"。

将上层的架板延长，赋予其变化

考虑插座的位置关系

电视机搁板样式图

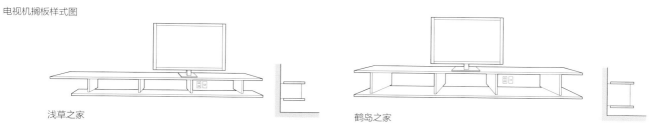

浅草之家

鹤岛之家

# 充分利用非对称的书架

端面不要对齐

下部使用集成材

为了与室内装修吻合，上部使用复古材料

### 使用复古材料的书架

设置在音响室中的书架兼唱片架，上、下部分使用不同的材料。

浅草之家、莲根之家、鹤岛之家、幡谷之家（设计：OCM 一级建筑师事务所）

# 解读通过润饰和物品选择凸显品位的加利福尼亚风格

美国西海岸住宅风格（加利福尼亚风格）具有超高的人气，其所营造的住宅好像度假村一样令人倍感放松；在这样的住宅中，照明、家具、装饰物的组合是非常重要的。

为了与墙壁一致，用 Osmocolor 白色涂料涂抹梁

火炉背面的墙壁采用熔岩石

Truck Furniture 沙发

伊姆斯贝壳椅

Truck Furniture 矮桌

地面贴装是用锯加工过的橡木

LDK 中，家具与室内装潢完美地融为一体

## 被涂抹成全白色的楼梯

由钢质台阶状支撑梁和扶手以及木质踏板组合而成的楼梯，都被涂抹成白色。

## Truck Furniture 灯芯绒沙发

大阪家具品牌 Truck Furniture 灯芯绒沙发尽显奢华风范。

## 欧式古董灯具

吊坠灯具可以在古董店买到，与底蕴深厚的室内装潢相得益彰。

### 洋溢着大自然气息的熔岩石

火炉背面的墙壁贴装洋溢着大自然气息的熔岩石。

### 以硅藻土润饰墙壁和天花板的墙壁

以硅藻土装饰墙壁，使其与家具、装饰物相得益彰。

### 天花板采用香柏木

以不同的尺寸贴装香柏木，墙壁和天花板的接缝处是通透的。

美洲风

## 01 充分彰显家具品位的空间

以白色涂漆涂抹的玻璃窗框

凉台采用香柏木

从凉台可以看到客厅，凉台是作为客厅的一部分，有多种用途

### 室内地面采用橡木

橡木地板的表面残留有锯痕。为了充分彰显其色彩，用清漆对其进行润饰。

### 凉台
### 采用香柏木

将香柏木用 sikkens 白色涂料进行擦拭涂抹，在其上面钉上钉子。

SURFER'S HOUSE（设计：加利福尼亚建筑公司）

加利福尼亚风格的LDK。餐厅和厨房的地板铺设Terra - cotta瓷砖，以彰显主人粗犷的生活方式

天花板采用美国进口的木材进行铺装

特别定制的吊灯

特别定制的沙发

墙壁以涂漆进行润饰

由透气瓷砖润饰的墙壁

特别定制的餐厅套装

贴装赤褐色地板砖的地面

## 美洲风 02 拥有土间的加利福尼亚风格的餐厅和厨房

### 天花板采用复古材料

天花板是从美国进口的复古材料，没有经过涂漆，直接贴装。其底蕴深厚，与极具人文气息的吊灯相得益彰。

### 用橡木面材制成的电视柜

电视柜采用橡木，表面是精挑细选的橡木胶合板。

### 经过压花处理的厨房门

厨房门上的铝板经过特殊的压花处理，质地粗糙。

### 火炉的后面贴装了透气的瓷砖

来自澳大利亚的火炉的后面贴装具有古砖质地的透气瓷砖。

加利福尼亚风格房屋（设计：加利福尼亚建筑公司）

# 3 章

# 室内装潢和家具
# 的差别化创意

精心搭配的室内装潢和家具可以成就与众不同的原创空间。

在第三章中，笔者详细介绍了"结构"、"润饰"、"装修"、"家具"、"厨房""收纳空间"等的具体设计或制作方法。

梁的截面尺寸为 105 mm×120 mm，以百叶窗般密集的间距进行架设

楼板梁的间距为 @170

支柱连成一排的壁柱

以壁柱和百叶窗般的梁所营造的空间中，控制材料截面，曾经给墙壁和天花板带来阴影的装饰物被重新利用，尽显空间力度

结构

# 设法使外露结构显得更加轻巧

设计：SUWA 设计事务所

## 由柱子和墙壁构成的平面
## 自然地融入空间

平面由柱子和梁连接而成，并使其裸露在外，形成室内墙壁和天花板。平面呈肋条状，可以透过其看到户外，赋予空间很强的通透感。

梁

壁柱

120 mm 和 90 mm 见方的柱子相互交替排列。横向排列柱子，以螺栓进行固定，使其成为一体

为了使壁柱看上去和谐、自然，如嵌入型护墙板一样挖去其中一部分

梁的连接处

梁

左上图／壁柱和梁构成了空间。
右上图／施工中的壁柱，在现场排列成一排。
左下图／楼板梁呈竹帘状。
右下图／楼板梁和壁柱错综相连。

壁柱的表面看起来好像肋条

01

## 运用常见的施工方法架设小截面

以事前切割好的小截面打造木质住宅，常见的五金配件组合呈平面状，形成独特的空间结构。

## 平面构成的技巧

在现场，壁柱采用尺寸不同的正方形材料，交替排列。肋条状结构赋予空间很强的质感。

二楼露出的梁，控制其外露断面，间隔排列的方式，使其看起来更加轻巧。

壁柱详图（S = 1 : 100）

构造平面图（S = 1 : 100）

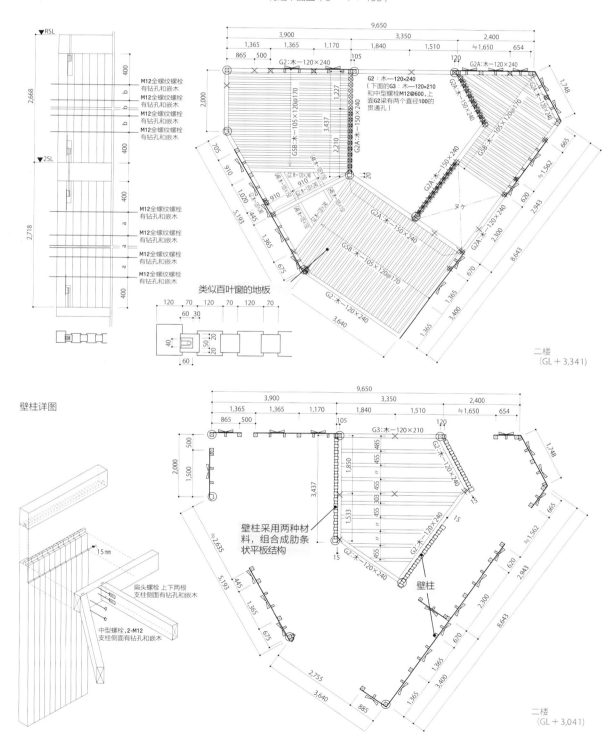

类似百叶窗的地板

壁柱详图

# 使结构和谐地融入空间

设计：SUWA 设计事务所

左图 / 刚性连接的角撑金属自然地融入空间
上方文字：刚性连接的角撑金属自然地融入空间
右侧文字：角撑金属

左图 / 刚性连接的角撑金属自然地融入空间。
右图 / 古都镰仓的老字号店铺中，没有过度地强调充满力度的木质框架结构。

## 构造要素
### 自然地融入空间

粗犷且充满力度的金属、柱子、梁，按照室内装潢的密度，进行加工和装饰，使其自然地融入空间。

左上图 / 嵌入与角撑金属色彩相近的彩色玻璃，使其融入其中，没有违和感。
右上图 / 柱和梁的宽度控制在 120 mm。
左下图 / 施工后的金属。
中央下图 / 老化加工后，再用激光刻上商标，提高了装饰的密度。
右下图 / 在地板上刻上同样的商标。

角撑金属

构造材料和金属使用陈化涂漆进行涂抹，使其自然地融入空间

涂漆前的粗糙的金属

用激光将商店的商标刻到其上

02

# 调整结构，使其变得整齐

对各种构造材料多加考虑，就能打造出规整的空间结构。

因此，合理的结构规划是必需的。有必要思考一下，如何确保合

适大小的空间，如何使部件截面与空间规模相吻合？

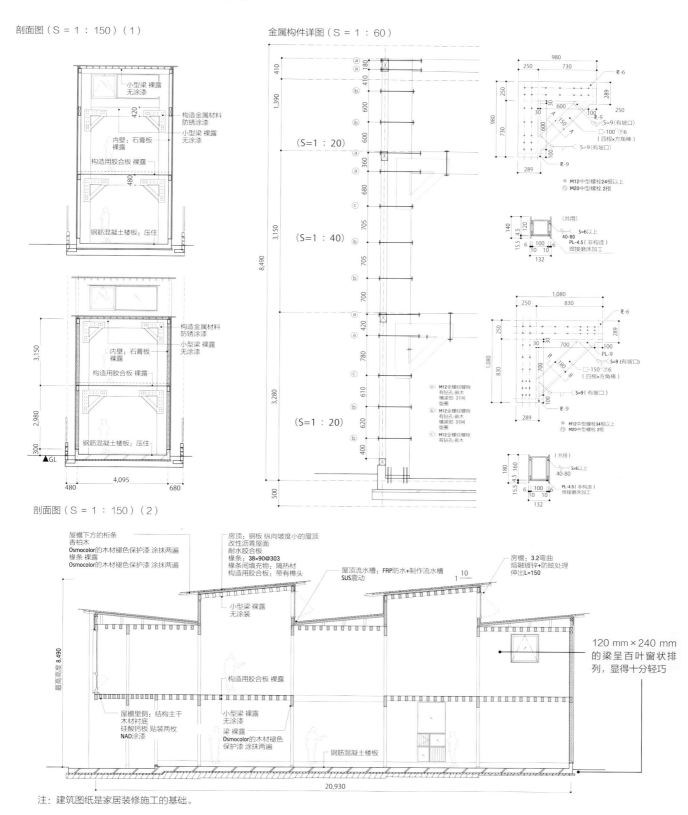

剖面图（S＝1：150）（1）

金属构件详图（S＝1：60）

剖面图（S＝1：150）（2）

注：建筑图纸是家居装修施工的基础。

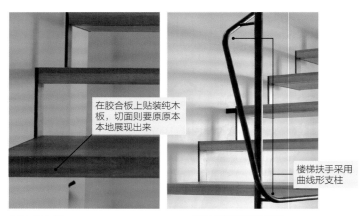

在胶合板上贴装纯木板，切面则要原原本本地展现出来

楼梯扶手采用曲线形支柱

左图／楼梯踏板的细节。
右图／支柱和扶手的接合细节。

## 精致感
## 与粗糙感并存

木材的断面形态特征与纤细的钢质曲线相结合，精致感与粗糙感并存。

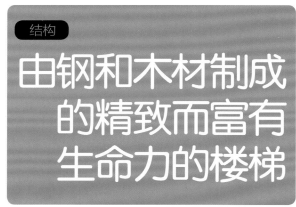

结构

# 由钢和木材制成
# 的精致而富有
# 生命力的楼梯

设计、施工：special source

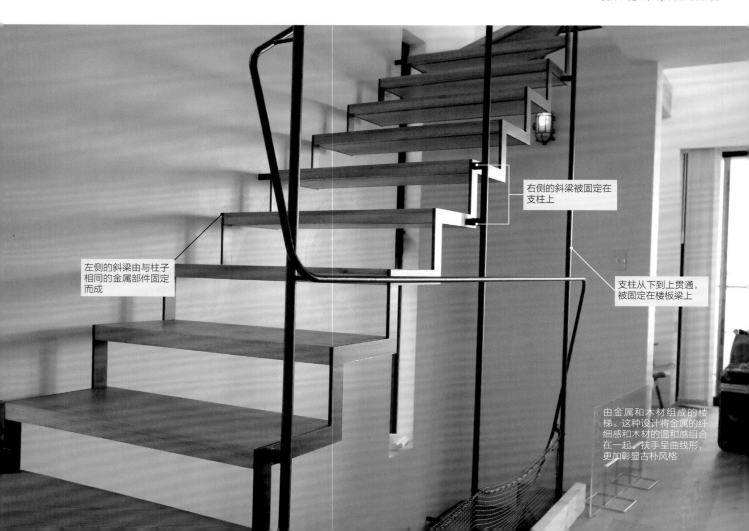

右侧的斜梁被固定在支柱上

左侧的斜梁由与柱子相同的金属部件固定而成

支柱从下到上贯通，被固定在楼板梁上

由金属和木材组成的楼梯。这种设计将金属的纤细感和木材的温和感组合在一起，扶手呈曲线形，更加彰显古朴风格

楼梯剖面图（S＝1：60）

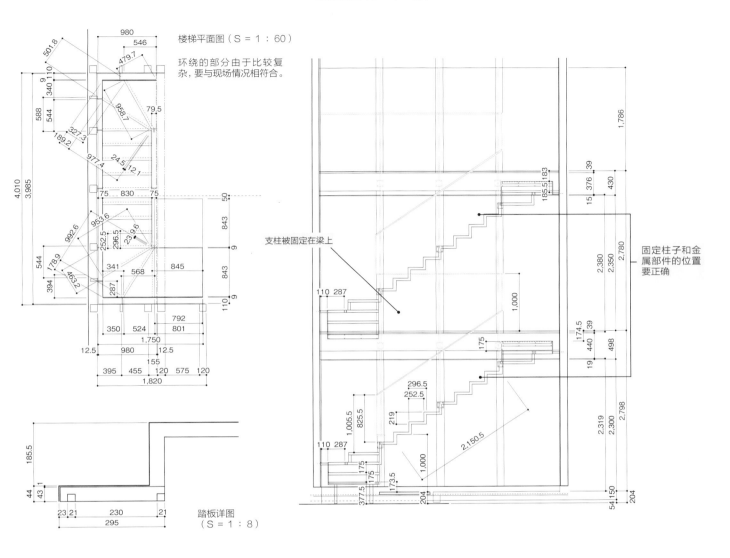

楼梯平面图（S＝1：60）

环绕的部分由于比较复杂，要与现场情况相符合。

支柱被固定在梁上

固定柱子和金属部件的位置要正确

踏板详图（S＝1：8）

左图／安装了斜梁。
中图／踏板的第一台阶和第二台阶的钢质底座。
右图／将支柱固定到主干的位置。

为方便搬运，切割成适当的尺寸，在现场进行焊接

在这之上，贴装作为衬底的胶合板

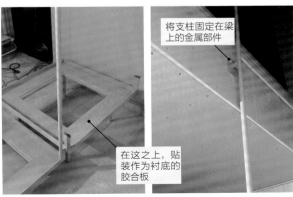

将支柱固定在梁上的金属部件

# 对主干接缝的处理是很重要的

钢结构楼梯与主干之间的接缝要预先磨合。踏板等木质工程的严格管理与监督也是很重要的。

基层：曲线形胶合板＋金属网。基准线是设计者本人绘制的

弯曲的墙壁整体如左图所示进行施工

右图为涂抹灰浆的咖啡店隔断墙。在专业人士的指导下，以工作坊的形式完成施工过程。

灰浆＋河砾石的水刷石

润饰

# 业主也可参与的水刷石施工工序

设计、施工：积木设计施工公司、marumo 工作室

## 由工作坊完成墙壁的粉刷

各层的涂漆施工由工作坊的参加者进行，接下来再由瓦匠将墙面压实、找平，水刷石饰面也可由参加者打造。

## 01

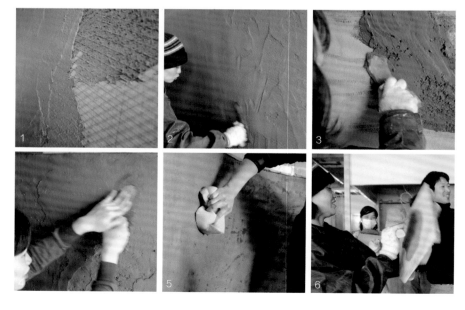

金属网的上方抹墙底子（1）。在平整压实（2）的基础上，再进行涂抹（3）。抹平压实（4）后，一边注意引水情况，一边用浸水的海绵擦拭墙壁，露出沙砾（5）。以工作坊的形式，一天就涂抹完了（6）。

# 02

## 在土墙上打造水刷石面层

将针对水泥系列的水刷石工艺应用于土墙打造中。

完工之时，就能让人感受到墙壁的沧桑感。

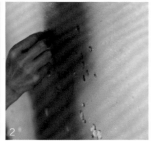

在涂抹两次石膏的基础上，再涂抹以当地土质为基础的涂料（1）。埋入河石（2），在硬化前进行水刷（3）。

在土墙中埋入河石后，进行水刷

藏书室由壁橱改装而成，稍加润饰

将壁橱改装成藏书室，在土墙上打造水刷石面层，这种方法比较少见。

### 润饰

# 年代感十足的水刷土墙

设计、施工：积木设计施工公司、marumo 工作室

专栏

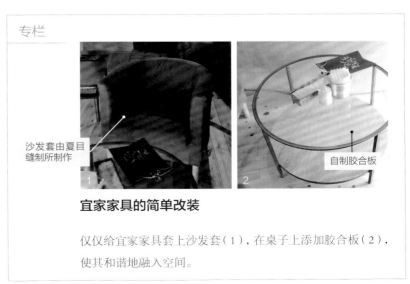

沙发套由夏目缝制所制作

自制胶合板

**宜家家具的简单改装**

仅仅给宜家家具套上沙发套（1），在桌子上添加胶合板（2），使其和谐地融入空间。

左图 / 从二楼向下看楼梯。楼梯只有上半部分是由柳安木构成的。下部的箱式楼梯和地板由柳安木胶合板加工而成。

柳安木胶合板

楼梯的踏板采用柳安木

地板是将切割后的柳安木胶合板，按木纹垂直的方向进行贴装

这一部分的踏板和斜梁是由柳安木板制成的

侧面是柳安木胶合板

踏板切面

纯木和胶合板打造的楼梯段剖面图和平面图（S = 1：30）

注重强度的踏板采用柳安木胶合板，对强度要求不高的门和侧板采用柳安木板

门：柳安木胶合板切面使用柳安胶带磁性压入式拉手

踏面·竖板：柳安木胶合板

踏面·竖板：柳安木胶合板

侧板：柳安木胶合板

柳安木胶合板

200

200

1,724

970
1,000

30

794

木纹

木纹

225    ″    ″    225        824

1,724

750

木纹

225   ″   ″   225        824

1,724

## 区分纯木板和胶合板，用涂料进行调整

无论是柳安木材还是由其制成的胶合板和木板都比较流行。使用同一树种材料的同时，根据被涂抹的部位，区分使用也是可能的。用涂漆调和的话，能很漂亮地整合到一起。

# 用柳安木将地板和楼梯连接起来

设计：FARO · 设计

踏板是纯木的

这个部分是柳安木木板

这边是柳安纯木

左图 / 箱式楼梯主要由胶合板构成，与由柳安木胶合板拼成的地板颜色一样。
右图 / 制作中的楼梯，上部是纯木的。

摄影：梶原敏英（左下图）

03

# 04

椽条等小截面的外露部分涂刷白漆，增强其整体协调性

省略门而仅靠切面分割的收纳空间增添了稀疏感

将小截面材料露出部分涂成白色，这样就能保证整体的协调性，让空间显得更加宽敞。

左图／高高的天花板和梦幻般的阴影，赋予空间适度的质感，使其更具生命力

椽条带来的阴影，恰到好处

以木质结构打造天花板，也是很有趣的

**润饰**

# 以白色涂漆涂抹外露结构，营造适度的稀疏感

设计：FARO・设计

## 有效使用白色涂漆的方法

白色涂漆天花板由小截面材料构成，能看见基层的杉板是最合适的。

天花板平面图（S = 1：40）

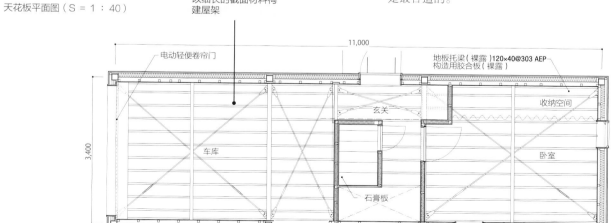

以细长的截面材料构建屋架

电动轻便卷帘门

地板托梁（裸露）120×40@303 AEP
构造用胶合板（裸露）

11,000

3,400

车库

玄关

收纳空间

卧室

石膏板

摄影：梶原敏英（左上图）

天花板格栅形成阴影，强调方向性，彰显"和式"特征

灯光照在其后的板材上，形成阴影

进行涂漆，使格栅和天花板基层的色调相得益彰

以 200 mm 的间隔配置 2×4 的材料

## 照明效果

凹凸不平的地方结合灯具营造了各式各样的照明效果。

天花板灯

墙壁上映射出天花板格栅形成的阴影

检查室天花板的细节展示。（上图）走廊天花板以丰富阴影效果为目标。（下图）

## 强调方向性

通过线条的连续性，强调空间的方向性。

使用彰显"和式"特征的格子图案，强化直线的尖锐性，最适合现代和式风格。

装修

# 给空间带来阴影的天花板格栅

设计、施工：横田满康建筑研究所

01

天花板格栅平面图（Ｓ＝１：６０）

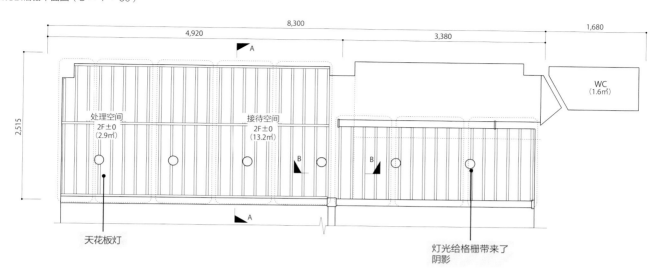

天花板灯

灯光给格栅带来了
阴影

格栅安装部分详图（Ｓ＝１：８）

A-A'剖面图

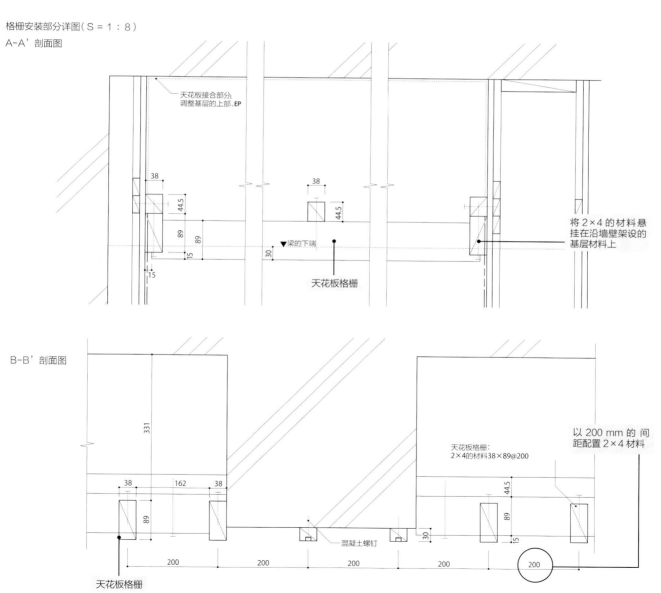

天花板接合部分：
调整基层的上部、EP

将２×４的材料悬
挂在沿墙壁架设的
基层材料上

梁的下端

天花板格栅

B-B'剖面图

天花板格栅：
２×４的材料38×89@200

以２００ mm 的 间
距配置２×４材料

混凝土螺钉

天花板格栅

比一般的窗帘盒的进深要深，窗帘盒的上面能放置小物品

安装带有凹口的横木。凹口处配置挂钩，挂钩上可以悬挂各种装饰物

通过对卧室的宽度、长度等实施功能丰富的木质装潢，使空间设计收放自如

装修

# 突出木质结构，提高使用便利性

设计：木赁规划

## 横木附带收纳功能

在横木的上端有凹口，可以摆放杂志等物品，也可以挂上衣架，还可以安装悬挂东西的挂钩。

可以悬挂物品，也可以放置小物件，自由地安排这些细节。通过改变树种和材料的宽度等，改变空间氛围。

## 使窗帘盒进深更深

窗帘盒的宽度设计成能摆放东西的宽度，窗帘盒就像一个装饰架，给窗户周围带来了一丝乐趣。

可以悬挂物品，可以放置小物件，自由地安排这些细节。通过改变树种和材料的宽度等，改变空间氛围。

注：木赁规划将这些空间规划方式整合在一起，并向会员公开。

## 木质结构的组合化

运用这样细节化的装修手法时，木质结构的树种和颜色保持一致，就会营造出统一感，不仅突出了室内装潢的重点，还切实地实现了其功能，是房屋改造的有效手法。

左图是涉及改装的"木质结构的组合化"的概念图。右图是其实例图。上方的梁原先用润饰材料进行覆盖，而后将其剥离，重新进行涂装。

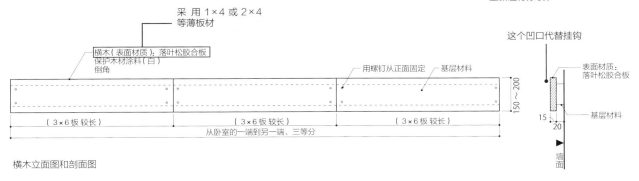

采用 1×4 或 2×4 等薄板材

横木（表面材质）；落叶松胶合板
保护木材涂料（白）
倒角

用螺钉从正面固定　基层材料

这个凹口代替挂钩

表面材质：落叶松胶合板

基层材料

墙面

15　20

150～200

（3×6板 较长）　（3×6板 较长）　（3×6板 较长）

从卧室的一端到另一端、三等分

横木立面图和剖面图

# 展现切面的 J 面板桌子

设计：FARO·设计

**03**

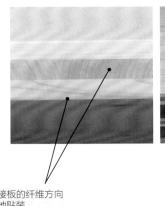

沿指接板的纤维方向垂直地贴装

J面板是在与木纹垂直方向上贴合了杉木指接板的平面板。（左图）表面同样采用杉木板。

将边角接合部分打造成台阶状，将其作为重点部位，加以突出

顶板和侧板都使用简约的J面板桌子，切面要整齐，面积不必过大。

J 面板桌子轴测图

将边角接合部分打造成台阶状，用螺丝紧固，极具设计感

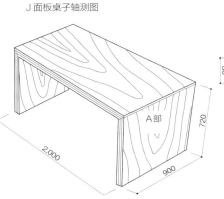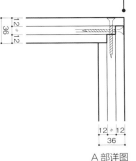

A部

2,000　900　720

12 ⟷ 12
36

12 ⟷ 12
36

A 部详图

搭配展示用的横木，强调水平的方向性

安装在墙边由三个单元构成的柜子。出于强度的考虑，素材选用集成材或胶合板

与通向阁楼的梯子组合在一起，力求节省空间的同时，也给空间带来了变化

在这个部分进行分割

木质构造的公寓被改装后，阁楼的设置为空间截面带来了变化

# 根据生活方式
# 而灵活改变的家具

## 根据生活方式进行分割和叠放

缩短了阁楼和地板距离的地柜，可以作为室内凳子，也可以作为收纳空间。高度被设置成容易坐下来的400 mm。由于可以分开并叠放成架子，其与兼具展示架功能的横木相搭配，强调了水平方向的协调性，赋予了空间鲜明的一体感。

**04**

装修

# 赋予空间丰富变化的
# 可移动式凳子

设计：木赁规划

地板箱剖面图
（S = 1 : 40）

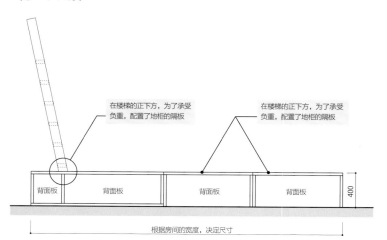

在楼梯的正下方，为了承受负重，配置了地柜的隔板

在楼梯的正下方，为了承受负重，配置了地柜的隔板

| 背面板 | 背面板 | 背面板 | 背面板 |

400

根据房间的宽度，决定尺寸

地柜剖面图
（S = 1 : 100）

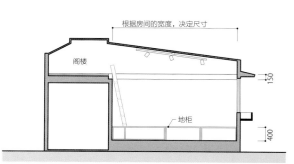

根据房间的宽度，决定尺寸

阁楼

150

地柜

400

使用与凸窗腰壁相同的材料进行装饰，具有一体感

窗框的装饰要将窗框隐藏起来

左图 / 客厅北侧，凸窗的一部分用作凳子。
右图 / 凸窗由集成材和胶合板打造而成，质感很好。

# 利用凸窗的固定凳子

设计：Waka 一级建筑事务所

## 05

凳子平面图（S＝1：8）

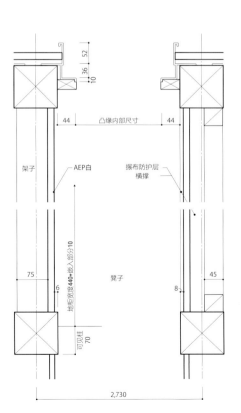

52
36
10
44　凸缘内部尺寸　44
架子
AEP白
揩布防护层
横撑
75
6
地柜宽度440+嵌入部分10
凳子
8
45
可见柱70
2,730

凳子·天花板详图（S＝1：8）

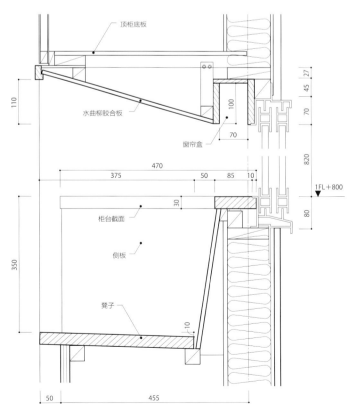

顶柜底板
110
水曲柳胶合板
窗帘盒
100
70
27
45
70
820
470
375　50　85　10
1FL＋800
80
柜台截面
30
侧板
350
凳子
10
50　455

摄影：Waka 一级建筑事务所

103

柱子与地板之间的空隙铺设沙砾

在柱子之间嵌入障子纸

进出口部分从上面进行吊装固定

装修

# 由柱廊构成的曲线形隔断墙

设计、施工：横田满康建筑研究所

## 各种照明灯具的组合

筒灯与其上方的照明灯具的完美组合构成了丰富多彩的图景。

柱廊的支脚被带状灯具照亮。（左上图）柱子上方中央部位由筒灯赋予其阴影。（左下图）进出口部分的柱子如同被切断一样。（右图）

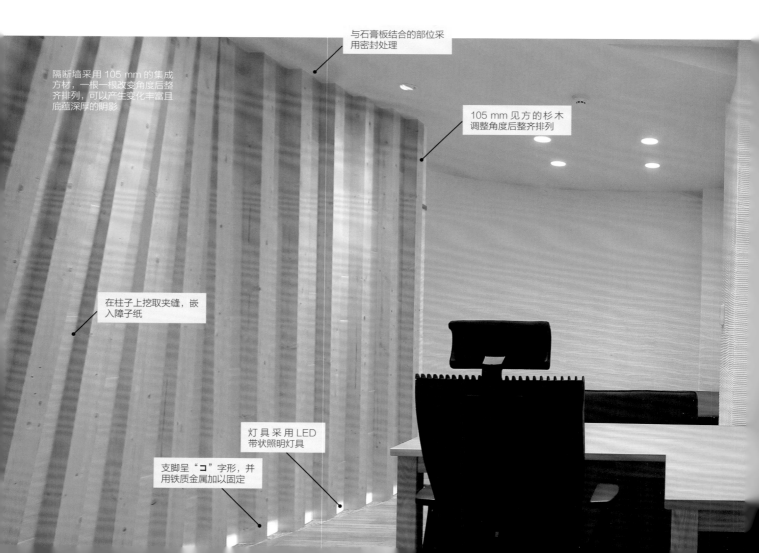

隔断墙采用 105 mm 的集成方材，一根一根改变角度后整齐排列，可以产生变化丰富且底蕴深厚的阴影

与石膏板结合的部位采用密封处理

105 mm 见方的杉木调整角度后整齐排列

在柱子上挖取夹缝，嵌入障子纸

灯具采用 LED 带状照明灯具

支脚呈"コ"字形，并用铁质金属加以固定

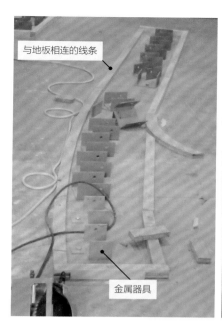

与地板相连的线条

金属器具

在胶合板基层上打上数根长钉子，进行固定

## 施工的精度
## 和步骤是很重要的

所有柱子的排列方式都不一样，所以绘制基准线是很重要的。由于接合起来十分复杂，所以施工前要仔细研究施工顺序。

左图／正确地绘制基准线并固定"コ"字形的金属器具。
右上图／切断部分固定后的样子。
右下图／柱子的固定部分。

柱脚部分平面图（S = 1 : 50）

壁柱

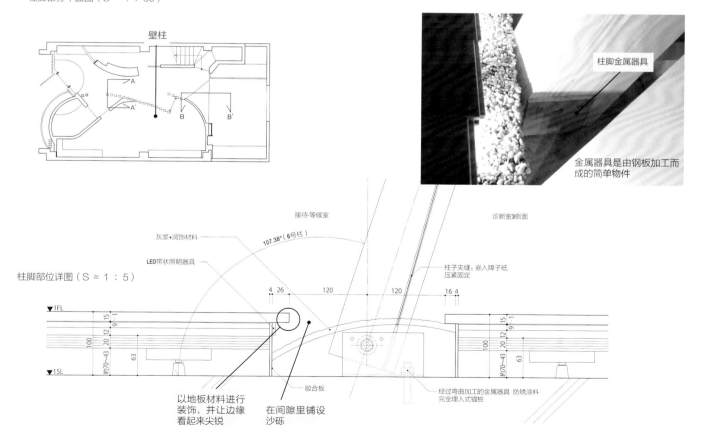

柱脚金属器具

金属器具是由钢板加工而成的简单物件

柱脚部位详图（S = 1 : 5）

灰浆+润饰材料

LED带状照明器具

107.38°（6号柱）

接待·等候室

诊断室3侧面

柱子夹缝：嵌入障子纸压紧固定

胶合板

以地板材料进行装饰，并让边缘看起来尖锐

在间隙里铺设沙砾

经过弯曲加工的金属器具 防锈涂料完全埋入式锚桩

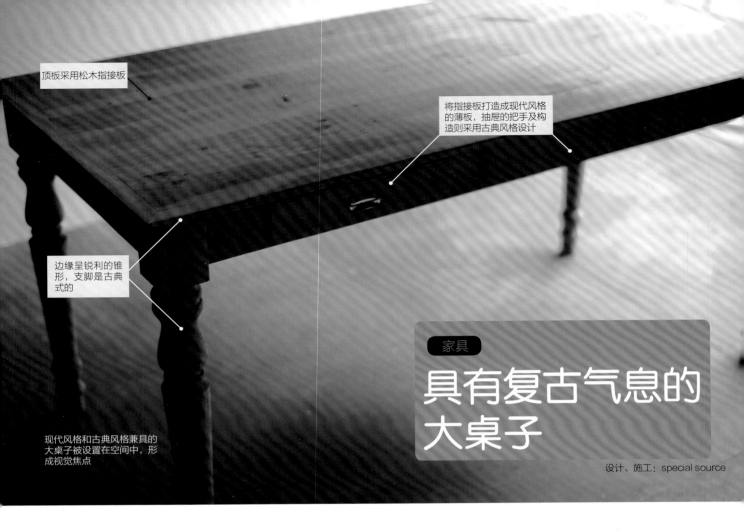

顶板采用松木指接板

将指接板打造成现代风格的薄板，抽屉的把手及构造则采用古典风格设计

边缘呈锐利的锥形，支脚是古典式的

# 具有复古气息的大桌子

设计、施工：special source

现代风格和古典风格兼具的大桌子被设置在空间中，形成视觉焦点

# 07

## 钢质门窗

钢质门窗成为室内装潢的重点。如果业主可以接受略有锈迹的建材，那么这种具有原汁原味风格的材料就是最好的选择。

左图／盐水涂布后，添加痕迹，调整外观。

右图／盐水的浓度、涂布层数，以及与涂料的组合，都会改变外观。

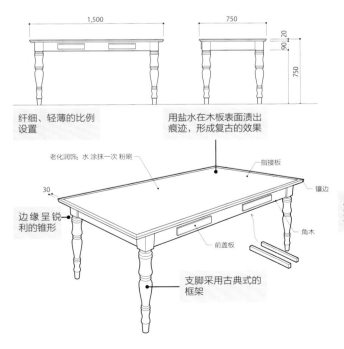

纤细、轻薄的比例设置

用盐水在木板表面渍出痕迹，形成复古的效果

老化润饰：水 涂抹一次 粉刷

指接板

镶边

30

边缘呈锐利的锥形

前盖板

角木

支脚采用古典式的框架

大桌子轴测图

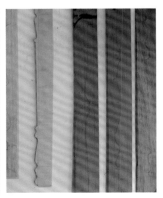

用盐水在木板表面渍出痕迹，形成复古的效果

08

在收纳空间的切面上形成复古的效果

为了方便取出，分割成三段

墙壁收纳空间通过对切面进行复古化润饰，极具古典的韵味

钢质门窗

以简约的合页彼此相连，质感粗糙

用灰浆对表面进行不均匀粉刷

# 活用复古元素的墙壁收纳

设计、施工：special source

## 调整切面的外形

对切面进行老化处理，使其洋溢着浓郁的古典气息。先用盐水使木材变色，然后涂漆、添加痕迹。

以手经常触摸的部分为中心，进行老化处理

右图／切口的细节部位，虽然面积小但具有明显的复古效果。
左图／收纳门以简约的合页进行固定，展现其原本的外貌。

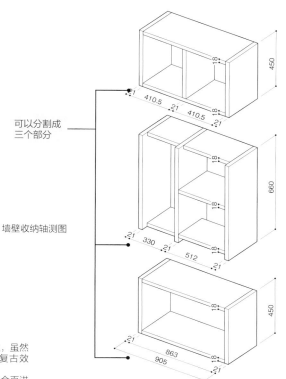

可以分割成三个部分

墙壁收纳轴测图

450
410.5    410.5
660
330    512
450
863
905

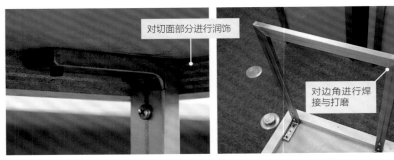

## 09

对切面部分进行润饰

对边角进行焊接与打磨

## 在五金店里制作的简约支脚

仅仅使用了市面上较为常见的材料，而且并不需要特殊的技术，价格也十分便宜。

左图 / 与顶板的接合处使用"L"形角钢。
右图 / 支脚是焊接方形管，呈简单的"コ"字形。

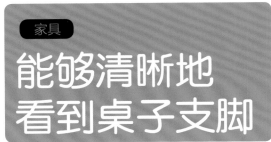

家具

# 能够清晰地看到桌子支脚

设计：FARO·设计

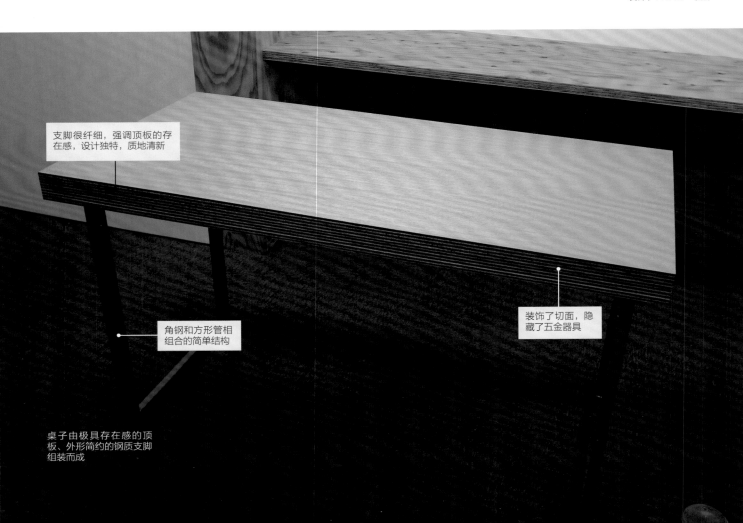

支脚很纤细，强调顶板的存在感，设计独特，质地清新

角钢和方形管相组合的简单结构

装饰了切面，隐藏了五金器具

桌子由极具存在感的顶板、外形简约的钢质支脚组装而成

桌子支脚五金器具轴测图

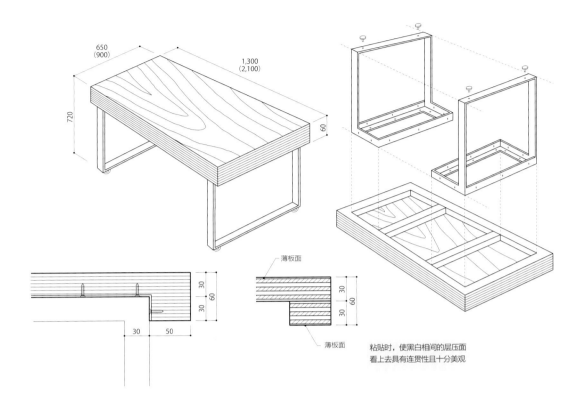

650
(900)

1,300
(2,100)

720

60

薄板面

30
30
60

30
30
60

薄板面

粘贴时，使黑白相间的层压面
看上去具有连贯性且十分美观

30　50

桌子支脚轴测图

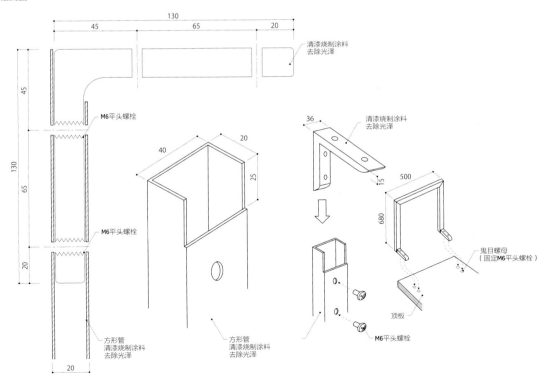

130

45　65　20

清漆烧制涂料
去除光泽

45

M6平头螺栓

130

65

M6平头螺栓

20

20

40

20

25

36

清漆烧制涂料
去除光泽

15

500

680

鬼目螺母
（固定M6平头螺栓）

方形管
清漆烧制涂料
去除光泽

方形管
清漆烧制涂料
去除光泽

顶板

M6平头螺栓

20

右图 / Nog 的 LDK 中,从厨房操作台到有大桌子的餐厅,能看到里面的客厅。
左图 / 木工采用椴木胶合板和白杨木制作椅子,只有座面采用了白杨木。

桌子上有顶板,由椴木胶合板和白杨木制成,下有管状的支柱

由椴木胶合板和白杨木制成的椅子,桌子的顶板和地板采用同样的素材

家具

# 由椴木胶合板和实木制成的椅子

设计:g_FACTORY 建筑设计事务所

**10**

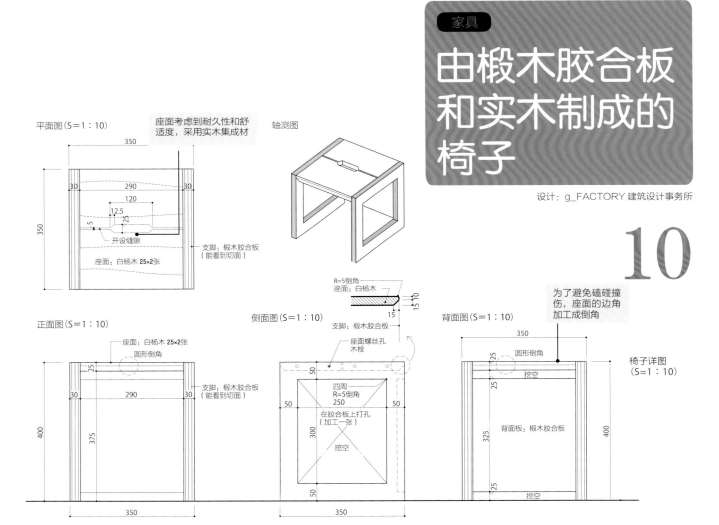

平面图(S=1:10)

座面考虑到耐久性和舒适度,采用实木集成材

轴测图

350
30　290　30
120
12.5
5　25
350
开设缝隙
支脚:椴木胶合板(能看到切面)
座面:白杨木 25×2张

R=5倒角
座面:白杨木
15 10
15
支脚:椴木胶合板

为了避免磕碰撞伤,座面的边角加工成倒角

正面图(S=1:10)

座面:白杨木 25×2张
圆形倒角
25
30　290　30
支脚:椴木胶合板(能看到切面)
400
375
350

侧面图(S=1:10)

座面螺丝孔木栓
50
四周
R=5倒角
250
50　　50
在胶合板上打孔(加工一张)
300
挖空
50
350

背面图(S=1:10)

350
25
圆形倒角
25
挖空
400
背面板:椴木胶合板
325
25
挖空

椅子详图
(S=1:10)

## 11

厨房操作台顶板采用相同的胶合板，并且高度一致

在方形管的黑皮涂层之上涂抹清漆

家具

# 由胶合板和铁制成的桌子

设计：g_FACTORY 建筑设计事务所

左图／从上面看桌子，顶板将椴木胶合板和白杨木完美融合，使其颜色相近。
右图／从侧面看桌子，顶板切面的胶合板成为设计的重点，加以突出。

桌子详图
（S=1：20）

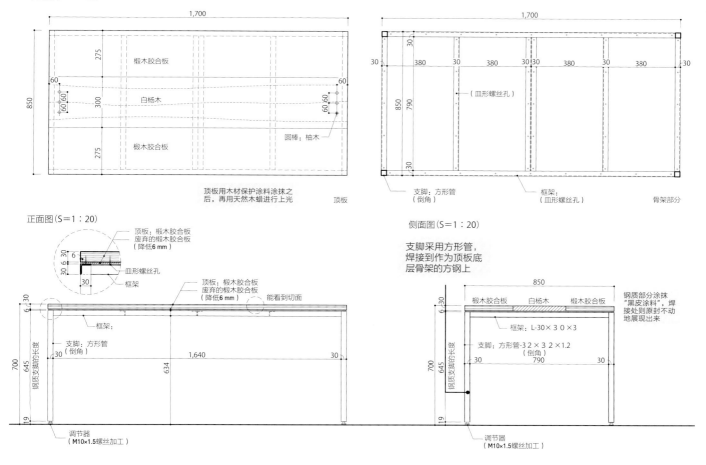

平面图（S＝1：20）

1,700

椴木胶合板

白杨木

椴木胶合板

圆棒：柚木

顶板用木材保护涂料涂抹之后，再用天然木蜡进行上光

顶板

支脚：方形管（倒角）

框架：（皿形螺丝孔）

骨架部分

（皿形螺丝孔）

正面图（S＝1：20）

顶板：椴木胶合板
废弃的椴木胶合板
（降低6 mm）

皿形螺丝孔

框架：

顶板：椴木胶合板
废弃的椴木胶合板
（降低6 mm）

能看到切面

框架：

支脚：方形管（倒角）

钢质支脚的长度

调节器
（M10×1.5螺丝加工）

侧面图（S＝1：20）

支脚采用方形管，焊接到作为顶板底层骨架的方钢上

850

椴木胶合板　白杨木　椴木胶合板

钢质部分涂抹"黑皮涂料"，焊接处则原封不动地展现出来

框架：L-30×３０×3

支脚：方形管-３２×３２×1.2（倒角）

钢质支脚的长度

调节器
（M10×1.5螺丝加工）

宜家厨房配件种类丰富且便宜，
若将其组合，则兼具独立性与
经济性

背面的收纳家具和厨房
配件是宜家制品

顶板贴装马赛克瓷砖，
侧板则保持原样

门是宜家制品

厨房

# 定制宜家厨房

设计、施工：横田满康建筑事务所

12

## 以个性化的外壳包装
## 宜家制品

以极具个性的玻璃马赛克瓷砖装
饰宜家厨房，打造独具个性的原
创厨房。

宜家水池、水龙头、背面的收纳家具都
是宜家制品。

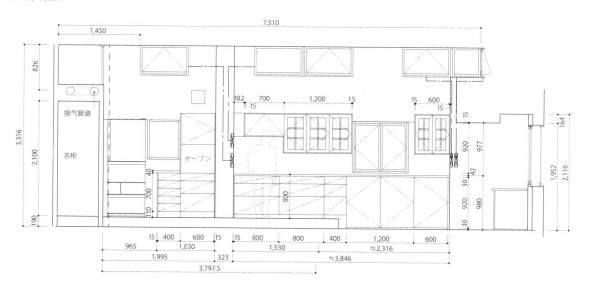

定制家具立面图
（背面收纳部分）
（S = 1：60）

打造个性化的定制厨房，降低装修成本。同时搭配宜家制品，充分展现了仅靠制作难以展现的门材品质

厨房

# 使用宜家制品，使厨房极具个性化

设计、施工：横田满康建筑事务所

采用聚酯胶合板

顶板是原创的

门是宜家制品

门是宜家制品

宜家厨房立面图
（S＝1：60）

顶板的高度一致，使其看起来犹如一体

门是宜家制品

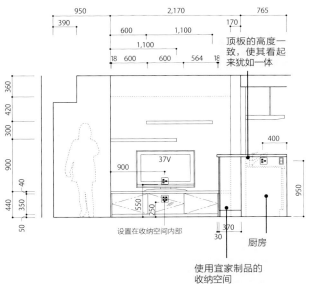

设置在收纳空间内部

厨房

使用宜家制品的收纳空间

配线空间

抽象/玻璃门

开放式收纳空间

可移动架子

## 高效地定制厨房

个性化的收纳空间和宜家配件，构成了个性化的厨房，造价低廉且功能实用。

厨房的侧板

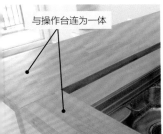

与操作台连为一体

收纳空间的侧面

左图/操作台接合处。
中图/厨房。
右图/收纳柜和厨房的融合。

天花板采用阻燃
性的天然木板

采用天然木板，
与地面材料相同

厨房采用了由地板生产厂
制造的天然木板，形成了
一体化的空间。

<big>14</big>

厨房

# 厨房采用与地板相同的天然木板

设计：FARO·设计

俯视图（S＝1：40）

订货时要确定木
纹的方向

2,000

26.5　633.8　24　638.8　24　633.8　24

微波炉
家具插座

木纹方向

450
750
258.5
17.5

26.5　487.4　487.4　487.4　487.4　24

天然木质薄板厚
度为2.5 mm

正面图（客厅侧）(S＝1：40)

天然木板的接合处
采用边角镶合加工

顶板：天然木板
（水曲柳）＋椴木胶合板

固定到墙壁

侧面图（S＝1：40)

顶板：天然木板（水曲柳）
＋椴木胶合板

木纹方向

26.5
629.5
830
24
150

侧面：天然木板（水曲柳）

513.9　974.8　511.4

125　500　125

背面图（厨房侧）(S＝1：40)

螺纹固定

微波炉

家具
插座

剖面图（S＝1：40)

可移动式架子
（每箱两枚、金属壁塞）

家具插座

500

449.5

26.5

126

侧板：天然木板（水曲柳）

24
500
650

厨房

侧面图（S＝1：40)

正面图（S＝1：40)

天然木板的接合处进
行边角镶合加工

顶板：天然木板
（水曲柳）

垃圾箱

厨房

木纹方向

26.5
803.5
830

126　500

24　650

侧面：天然木板（水曲柳）

门和背板采用
天然木板的厨房详图

顶板和侧板采用天
然木板的厨房详图

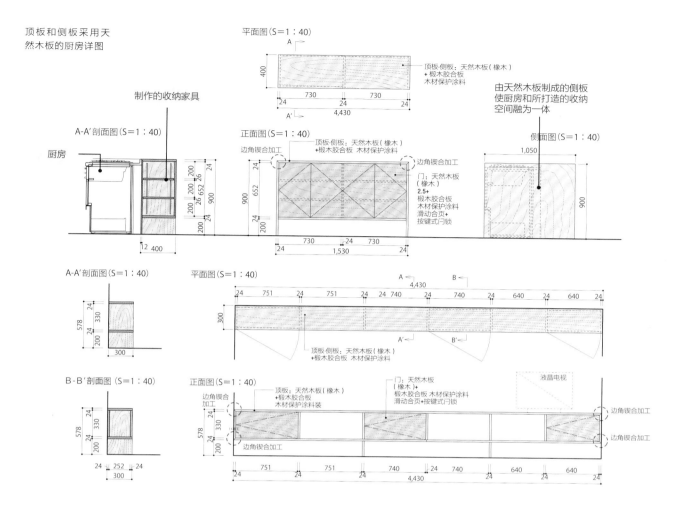

平面图（S=1：40）
A
400
730    730
24              24
4,430
A'

顶板·侧板：天然木板（橡木）
+椴木胶合板
木材保护涂料

由天然木板制成的侧板
使厨房和所打造的收纳
空间融为一体

制作的收纳家具

A-A'剖面图（S=1：40）

厨房

200 200
26    652    26
200 200
200
24
24
900

12 400

正面图（S=1：40）
顶板·侧板：天然木板（橡木）
+椴木胶合板 木材保护涂料
边角锲合加工
24
652
900
24
200
24
730    24    730
24              24
1,530

边角锲合加工
门：天然木板
（橡木）
2.5+
椴木胶合板
木材保护涂料
滑动合页+
按键式闩锁

侧面图（S=1：40）
1,050
900

A-A'剖面图（S=1：40）
578
24
330
24
200
300

平面图（S=1：40）
A              B
4,430
24 751 24 751 24 24 740  740 24 640 24 640 24
300
A'    B'

顶板·侧板：天然木板（橡木）
+椴木胶合板 木材保护涂料

B-B'剖面图（S=1：40）
578
24
330
24
200
24 252 24
300

正面图（S=1：40）
边角锲合
加工
顶板：天然木板（橡木）
+椴木胶合板
木材保护涂料装

门：天然木板
（橡木）+
椴木胶合板 木材保护涂料
滑动合页+按键式闩锁

液晶电视

边角锲合加工

578
24
330
24
200
边角锲合加工                                      边角锲合加工
24 751 24 751 24 740  24 740 24 640 24 640 24
4,430

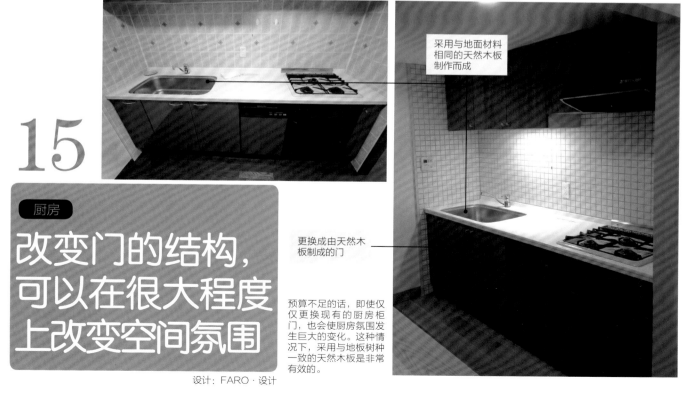

采用与地面材料
相同的天然木板
制作而成

更换成由天然木
板制成的门

15

**厨房**

# 改变门的结构，可以在很大程度上改变空间氛围

预算不足的话，即使仅
仅更换现有的厨房柜
门，也会使厨房氛围发
生巨大的变化。这种情
况下，采用与地板树种
一致的天然木板是非常
有效的。

设计：FARO · 设计

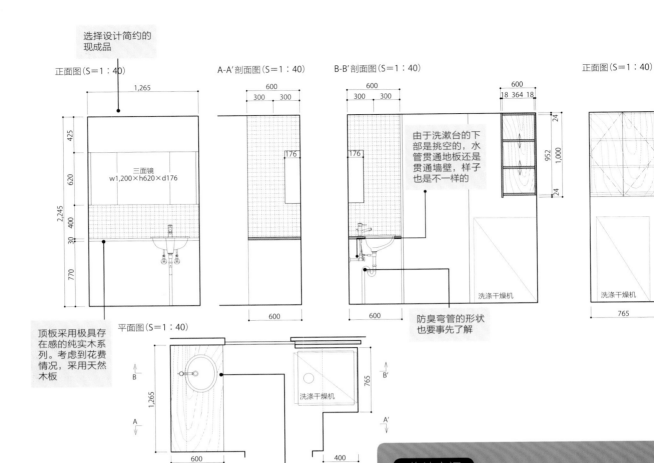

选择设计简约的现成品

正面图（S=1：40）

1,265

425
620
2,245
400
30
770

三面镜
w1,200×h620×d176

A-A'剖面图（S=1：40）

600
300  300

176

600

B-B'剖面图（S=1：40）

600
300  300

176

由于洗漱台的下部是挑空的，水管贯通地板还是贯通墙壁，样子也是不一样的

洗涤干燥机

正面图（S=1：40）

600
18 364 18

24
952
1,000
24

洗涤干燥机

765

防臭弯管的形状也要事先了解

顶板采用极具存在感的纯实木系列。考虑到花费情况，采用天然木板

平面图（S=1：40）

B          B'

1,265          765

洗涤干燥机

A          A'

600          400

配置木质顶板的洗漱台详图

洗脸盆和顶板的连接容易成为薄弱点

由天然木板制成的顶板和由三面镜组合而成的洗漱台，由于下部挑空，能看到脚下，所以要多注意对配管的处理。

# 便宜而富有自然风味的洗漱台

设计：FARO·设计

供水管从地板伸出，与嵌入型洗脸盆相接，十分协调

排水管是暴露在外的。防臭弯管和配水管完全可以看到，所以要明确地指明形状和材质

天然橡木木板

木质顶板从墙壁中伸出

切面处的橡木花纹十分显眼

16

白色和涂在柳安木胶合板上的茶色形成对比鲜明的小型洗漱空间

收纳柜的材质与空间相协调，强化存在感

Atelier 事务所常规的实验用洗脸盆

实验用洗脸盆详图
（S＝1：40）

平面图(S＝1：40)

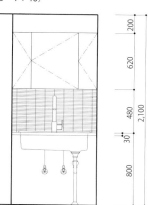

A

600
100
470
30

760
72.5    905    72.5

A'

因为供水管是从墙壁中伸出的，所以脚下稍微整洁一些

正面图(S＝1：40)

200
620
480
2,100
30
800

905

A-A'剖面图(S＝1：40)

200
620
2,100
380
100
130
800
670

600

## 迷你型洗漱台

以整体涂抹成茶褐色的柳安木胶合板覆盖洗漱台，虽然有一些小，但充分彰显出洗面台的存在感。

收纳采用 Sanwa 公司的现成品

大比例且便宜的实验用洗脸盆

墙壁上贴装瓷砖，强化存在感

## 融合了实验用洗脸盆的洗漱台

实验用洗脸盆与木质顶板搭配协调

配置多用途大型洗脸盆的实验用洗漱台不仅便宜，而且功能多。根据使用的方法，供水管从地板中伸出，旁边是距洗脸盆有一定距离的鹅颈管，显得十分和谐。

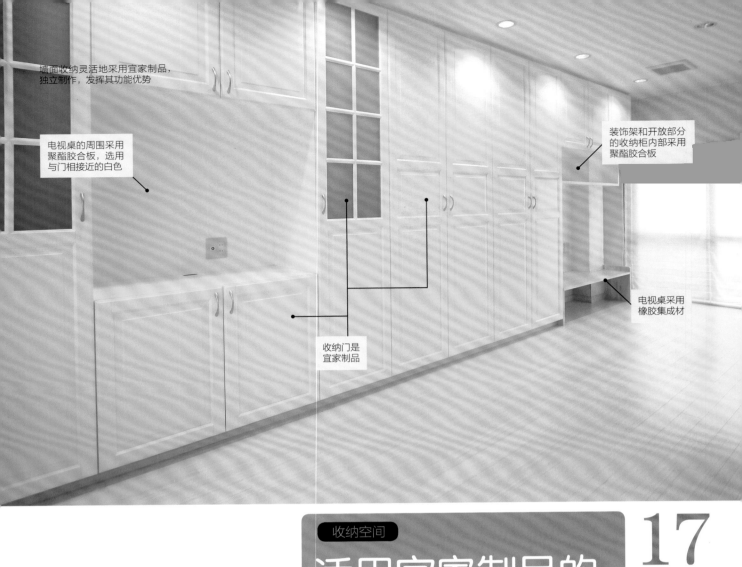

墙面收纳灵活地采用宜家制品，独立制作，发挥其功能优势

电视桌的周围采用聚酯胶合板，选用与门相接近的白色

装饰架和开放部分的收纳柜内部采用聚酯胶合板

收纳门是宜家制品

电视桌采用橡胶集成材

收纳空间

# 活用宜家制品的墙壁收纳

# 17

设计、施工：横田满康建筑研究所

注意数据线和插座的位置

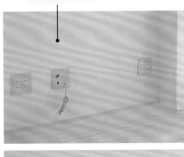

配线孔

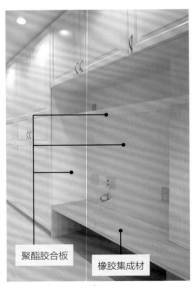

聚酯胶合板

橡胶集成材

## 通过制作，强调原创性

如果一眼望去全是宜家制品，会让人感觉室内装修充满工业气息的紧张感，所以装修时，为了体现原创精神，故意拆除了一部分的门，给人以舒缓的感觉。

左图／电视桌上设置了有线电视连接器和电源插座。
右图／电视桌周围的白色部分是聚酯胶合板。电视柜顶板采用橡胶集成材。

活用宜家制品的墙面收纳平面图和立面图
（S＝1：00）

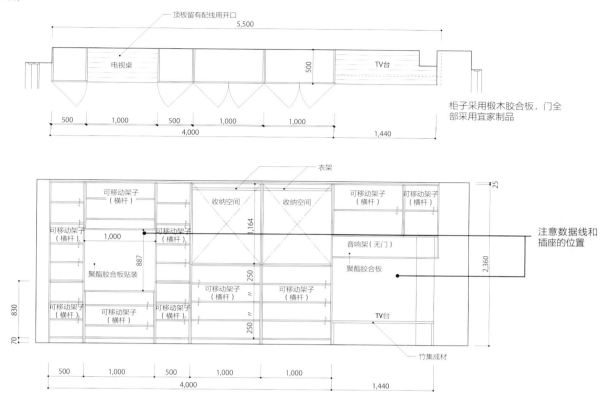

顶板留有配线用开口

5,500

电视桌

500

TV台

500　1,000　500　1,000　1,000

4,000　　　1,440

柜子采用椴木胶合板，门全部采用宜家制品

衣架

可移动架子（横杆）
可移动架子（横杆）

收纳空间　　收纳空间

可移动架子（横杆）　可移动架子（横杆）

25

可移动架子（横杆）
1,000
可移动架子（横杆）

1,164

887

聚酯胶合板贴装

250

音响架（无门）

聚酯胶合板

注意数据线和插座的位置

2,360

可移动架子（横杆）
可移动架子（横杆）
可移动架子（横杆）

250

可移动架子（横杆）　可移动架子（横杆）

TV台

830

70

竹集成材

500　1,000　500　1,000　1,000

4,000　　　1,440

# 灵活地配置宜家制品的玄关收纳

宜家制品能应用于各种各样的收纳空间。玄关收纳以各种个性化的材料进行装饰，展现其独特性。

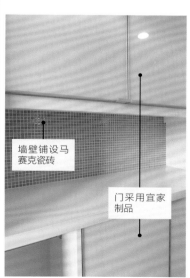

墙壁铺设马赛克瓷砖

门采用宜家制品

活用宜家制品的收纳空间。（左图、中图）墙壁上的马赛克瓷砖。（右图）

客厅中，在门窗的旁边能让人心情放松的地方，摆放了沙发

18

窗户剖面图（S＝1：20）

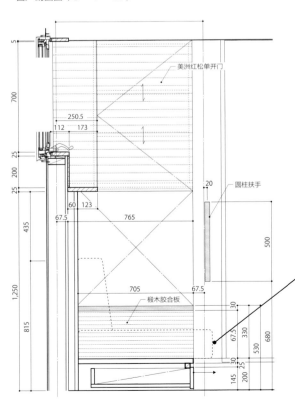

美洲红松单开门

圆柱扶手

将坐垫靠前一些摆放，坐着感觉非常舒适

椴木胶合板

5
700
250.5
112 173
25
25 200
25
435
1,250
815
60 123
67.5
765
705 67.5
20
500
30
67.5 330
25
530 680
30
145 200

# 安放在空隙中的固定沙发和收纳柜

设计、施工：田中建筑公司

固定沙发，底部有隐藏式收纳抽屉。

收纳部分剖面图（S = 1：20）

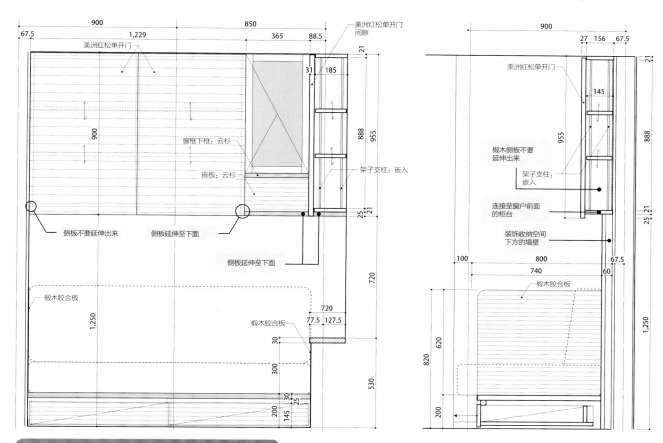

美洲红松单开门
间隙
美洲红松单开门
900
850
67.5
1,229
365
88.5
21
31 185
美洲红松单开门
888
955
900
窗框下框：云杉
嵌板：云杉
架子支柱：嵌入
25
21
侧板不要延伸出来
侧板延伸至下面
侧板延伸至下面
720
椴木胶合板
1,250
720
椴木胶合板
77.5 127.5
30
300
530
200
145
30
25

收纳部分剖面图（S = 1：20）

900
27 156 67.5
21
美洲红松单开门
145
888
955
椴木侧板不要
延伸出来
架子支柱：
嵌入
连接至窗户前面
的柜台
装饰收纳空间
下方的墙壁
25 21
60
100
800
740
67.5
820
620
椴木胶合板
1,250
200

# 高效地利用柱间空间的杂志架

设计、施工：田中建筑公司

19

餐厅厨房中，在楼梯间旁边的护墙位置设置了杂志架。

杂志架剖面图（S = 1：20）

杂志架平面图（S = 1：20）

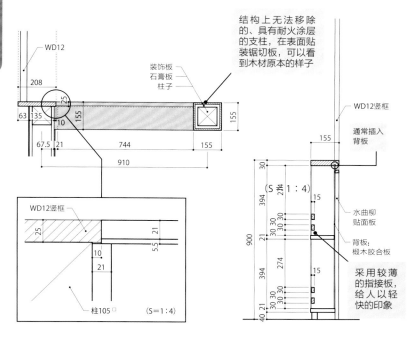

WD12
208
63 135
10
155
67.5 21
744
910
25
155
155
装饰板
石膏板
柱子
结构上无法移除的、具有耐火涂层的支柱，在表面贴装锯切板，可以看到木材原本的样子

WD12竖框
25
10
21
5.5
21
柱105□
(S=1:4)

WD12竖框
通常插入背板
155
30
394
(S=1：4)
15
900
21
30 30
274
394
21
30 30
15
40 21
水曲柳贴面板
背板：椴木胶合板
采用较薄的指接板，给人以轻快的印象

餐厅厨房中，收纳空间设置成细长形，空间有些小，没有必要摆放其他家具。

陈列收纳剖面图（S＝1：20）

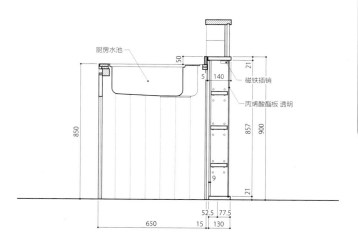

厨房水池

磁铁插销

丙烯酸酯板 透明

50
140
5
857
900
850
9
21
21

52.5　77.5
650　15　130

陈列收纳立面图（S＝1：20）

30
231
按键座（磁铁插销支撑物）
21
丙烯酸酯板 透明
1,130
899
采用丙烯酸酯板，不需要木匠就可以完成施工
21
21　870　21

收纳空间

# 厨房操作台前面的陈列收纳

设计、施工：田中建筑公司

20

丙烯酸酯板的门以磁铁插销进行开闭，这是一种简洁的设计。

# 4章

# 合理利用现有建材，使室内装潢看起来更好

如果要在"素材感"方面一决胜负，新型建材是赢不过纯木材的。但近几年来，新型建材的质感和手感正以惊人的速度进化着。虽然在室内装潢中"素材感"很重要，但最后整体搭配起决定性作用。在第四章中，笔者介绍了采用新型建材打造品质上乘的木质空间的实例及其设计重点。

# 由相同花纹的装饰材料和制作材料打造的精致空间

## 和建设公司 | 高知县高知市

**要想保持每年50栋以上的室内装潢的良好业绩,就要娴熟地使用工业制品。为了采用新型建材打造品质上乘的空间,和建设公司制定了设计规则,超越了"特别定制",熟练地运用各种设计元素。**

樱桃木纹地板,宽约15 mm(松下)

### Livie Realo

*松下*

这是再现天然木质感的住宅材料系列。采用宽约150 mm樱桃木纹地板,"没有太多节点的木质地板能够营造雅致的空间氛围"。和建设公司装修采用的表面处理材料为2～3种,树种为1种,颜色为1种。要想使空间看起来宽敞,可持续延长面和线,并将沿对角线眺望的视线作为重点。

2013年4月,和建设公司在冈山县仓敷市的住宅展示场,完成了住宅样板间设计。为了体现与低成本住宅的区别,公司委托建筑师川元邦亲担任住宅样板间的设计监督。从那以后,除了设计监督以外,连经营、现场监督等和项目相关的全部人员也都要参与到建设过程中。公司常务董事会成员小松宏明说道:"无论设计有多么好,如果鉴定成果的现场监督无法深刻理解设计精髓,最终也达不到好的装修效果。"

公司以"精致装修"为准则,最大限度地发挥新型建材的优点,打造雅致的空间。

"住宅是背景,色彩是品质,住宅并不需要过多的色彩。我们始终贯彻'以包括白色在内的两种色彩进行装潢'的设计原则。"小松宏明说道。

墙面里侧的柜子上以同花纹的固定型窗框（24 mm×180 mm×3 950 mm）作为顶板

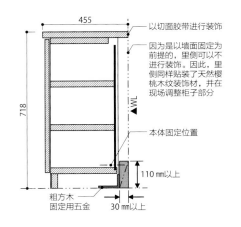

以切面胶带进行装饰

因为是以墙面固定为前提的，里侧可以不进行装饰。因此，里侧同样贴装了天然樱桃木纹装饰材，并在现场调整柜子部分

▲WL

本体固定位置

110 mm以上

30 mm以上

粗方木固定用五金

455

718

## 整体饰柜

松下

墙面收纳"整体饰柜"上的天然樱桃木纹的低板是独立的，可以用作沙发台。收纳柜要符合沙发的尺寸，尤其要与特别定制部分的尺寸相对应。通常，其被安装到墙壁上让人看不到的一侧，以樱桃木纹的装饰材料（90 mm×240 mm板）进行装饰。

# 将墙壁收纳柜活用为沙发边柜

平缓地分隔客厅和过道的是，独立设置的低板型墙面收纳的沙发边柜。

客厅沙发边柜配置图

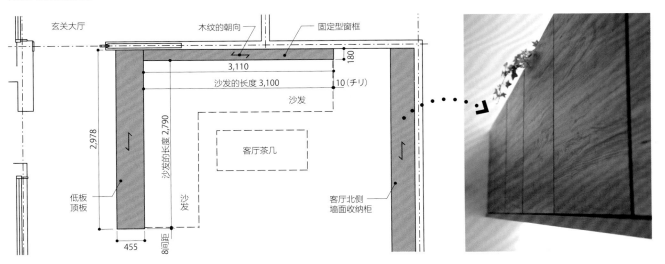

玄关大厅

木纹的朝向

固定型窗框

180

3,110

沙发的长度 3,100

10（チリ）

沙发

2,978

沙发的长度 2,790

客厅茶几

沙发

低板顶板

客厅北侧墙面收纳柜

455

8间距

墙面收纳柜的门与地板同色、同花纹，还附带间接照明设备。

## 通过现场加工，将制作材料
## 打造成原创的室内装饰材料

使用与地板、门同系列的制作材料，挑战本公司的原创的室内装潢。制作材料从厂家直接订购，在现场进行加工。

天花板格栅采用与地板和门相同的 Livie Realo 的装饰板（24 mm×24 mm×3 950 mm），在现场进行加工。窗框之间的墙壁采用相同花纹的装饰板（t=2.5）在现场进行铺装，降低噪声。

一楼窗户旁边的天花板格栅可与二楼地板、腰屋顶形成空气对流，将一楼的空气排出屋外。

## 以与 LDK 相同
## 建材铺设和室

和室的设置也不要局限于传统的布置方法，可以采用一些自由的布局。可在闲暇之余以客厅和餐厅中采用过的建材进行装修。

壁龛上铺设与 LDK 相同的材料（樱桃木纹）。

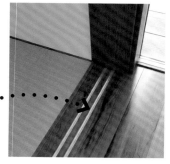

分隔和室与客厅的拉门的框架由装饰板制成，其花纹与地板花纹保持一致。另外，与地板相连的边角上，以同系列的装饰板进行收边（榻榻米填充材 40 mm×15 mm×3 950 mm），以宽 9 mm 的收边材料填充榻榻米，使其变得整洁。注意细部处理，抑制噪声，并且要注重室内装潢的统一感。

# 即使修建楼梯，也要注意踏板与地板相统一

回转楼梯拥有轻快的线条。

为了使楼梯与其他建材相协调，从厂家订购踏板，在现场进行加工。

楼梯的踏板，使用与地板同系列的 Livie Realo 材料，由于里面没有被装饰，所以在现场粘贴建筑用的贴纸。横梁由钢板（t=12）制作而成，上面涂抹白色涂料。扶手采用不锈钢材质。

图：楼梯踏板的构成与现场加工

●第1、3～7、9、11～14段

868

270

▲

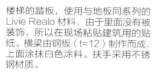

踏板：32
缓步台：42
里面无装饰

9

与地板花纹一致的印刷产品　　楼梯主体的支撑部分

装饰材

里面贴装饰材料，即使从下面看也没有一点违和感。

●第2段

1,980

990

868

122　1,180　678

868

▲

●第8段

1,180

1,064　116

162

1,180

1,018

868

150

868　312

▲

●第10段

1,180

1,039　141

136

1,180

1,044

868

176

868　312

▲

# 高效地利用楼梯段的墙壁
# 将缓步台设置成画廊

高效地利用楼梯段的墙壁，使用收纳系统，
制作大的展示架。

在架子的中央，安装与架子的尺寸吻合
的窗户，白天可以引入自然光。晚上，
配置 LED 灯的架板丰富了展示架的展
示效果。

## Archi-spec SHUNOU

松下

将材料构成集中在立体层面，利用竖框和架板简单地收
纳物件。其延伸至天花板，以延伸竖框的收纳为前提，
与倾斜的天花板搭配起来比较困难。在这里，顶板是加
工好后在现场安装的。地板也是在现场切割铺装而成的。

收纳架构成图（S = 1：20）

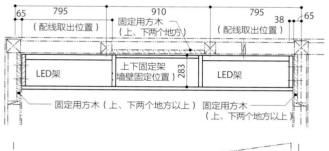

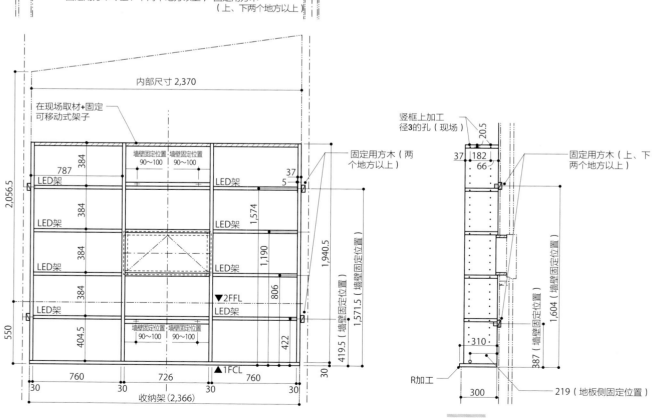

# 各种现成品自然且质朴，与家的品位相得益彰

## M 建筑师事务所 | 静冈县

**基本上采用实木建材，都是现成品。**

由日本本土树种制成的衣帽收纳折叠门（杉木）

由日本本土树种制成的地板（杉木）

### 活用高品质的胶合板建材

采用实木建材，自然且质朴。

**日本之树系列**
*DAIKEN*

在表面贴装了高质量胶合板的内饰材料和门窗制品。杉木被用于表面材料，具有划时代的意义。

纯杉木厚板外形硬朗且刚性十足。

纯杉木厚板上面有节点，里侧是由杉木制成的地板，看上去丝毫没有违和感。

一色建筑设计事务所是一家运用 2×4 工法的先驱设计事务所，松永务始终专注于木材设计。相比引进 OSB 的早期，这种设计较为引人注目，已经应用于室内装修等领域，不仅功能性强，还能自由配置，便于设计师充分发挥想象力。

松永务钟爱的建材是"日本之树系列（DAIKEN）"。该制品以高质量的杉树、栗子树和七叶树等天然木材作为表面材料，与自然素材的装饰搭配非常协调。特别值得一提的是，以杉木打造地板，具有划时代的意义。

## OJ杉木设计日本之树系列

DAIKEN

薄薄的白色门窗框、布网与白色墙壁相得益彰，木板和胶合板进行贴装，门窗框仅有 12 mm，所以基本注意不到。

打开拉门，形成空荡荡的空间。

# 门窗框内
# 并不显眼的拉门

由于白色门窗框非常薄，所以消除它的存在也是可能的。

建筑平面图（S = 1：8）

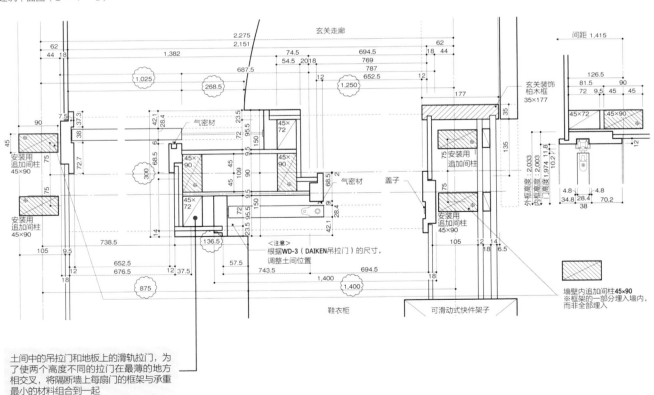

土间中的吊拉门和地板上的滑轨拉门，为了使两个高度不同的拉门在最薄的地方相交叉，将隔断墙上每扇门的框架与承重最小的材料组合到一起

## 将欧松板活用于室内装潢

流行一时的欧松板，如今被广泛使用。

### 欧松板本色装饰

欧松板不经装饰而被应用于垂壁和天花板，现在的欧松板多采用松木原料，因其具有明亮却不艳丽的红色外观。

此处涂抹质地自然的白色涂漆，其后进行擦拭加工。经过擦拭，装饰变得柔和而庄重。

### 将天花板一并装饰的现成的门

引入无需垂壁的现成的门，极具设计感。

**全高门**

神谷集团

门和天花板等高，设计简洁。拉门安装了标准的减震器，便于使用。

安装上框的地方，隐藏在上框中的贴布材料将天花板的石膏板与基层紧密地贴合在一起。

护墙板的收边，在隐形框上进行略微调整，使简洁的专用护墙板完全嵌入其中。

安装拉门滑轨的地方，注意调整天花板的石膏板和滑轨架的基层。

# 以格子玻璃和木质门营造怀旧而可爱的气氛

## ines HOME | 北海道札幌市

订单的九成以上是仅凭太太的一句"好可爱"所决定的。这便是 ines HOME 的设计初衷。
2013年4月完成的住宅样板间。成熟又可爱,令人倍感温馨,得到了广大女性的压倒性
支持。

该住宅样板间的设计者是 ines HOME 设计部科长斋藤文惠。公司的设计负责人还认真地进行了室内装饰搭配。"将能享受室内装潢精华的住宅记在心里",斋藤这样说道。她在墙壁上设置了小型装饰架(壁龛),打造了能摆放杂志的厨房柜,业主能随处放置各种装饰物。

该样板间的全部家具和日用品都是斋藤亲自选购的。由于预算有限,她便在网上购买,或在百元店内寻找。从女性的立场出发所设计的房间,更容易令人倍感亲切,这大概就是其能够引起深度共鸣的原因吧。

**木质线条**

LIXIL

棕色木质线条色调庄重,令人倍感温暖。分隔厨房与洗漱间的门采用安装了格子玻璃的吊拉门。据说在样板间中,这是顾客反响最好的套装商品。

背面的厨房板上部是经过造型处理的。将格子玻璃和椴木胶合板（表面涂料）进行搭配，成为整个空间的重点。门把手是KAWAJUN公司制作的。另一方面，碗橱下部采用棕色"SUNVARIE·AMIY"（LIXIL）收纳柜。更换把手，使整体色调和谐一致。

## 使厨房看上去像家具的木质装潢

外貌木质化的厨房，好像一件家具，融入客厅。

如今，将客厅、厨房、餐厅进行一体化设计已成为主流趋势。坐在客厅中的人，丝毫觉察不到厨房中的洗洗刷刷；厨房好像一件家具，与客厅、餐厅完美地整合于一体。

## 以高光墙营造空间展示场所

关键点在于"可爱"，但是这种装潢也不要过于"甜蜜"，否则适得其反。

采用与卫生间墙壁相同品牌的壁纸。与真正的木板相比，其更容易清理。更换壁纸后，空间风格也随之改变。

摄影：诹访智也（除P133右上图）

斋藤在一直钟爱的"WALPA"进口壁纸专卖店中选购壁纸，贴装在电视板背面，形成高光墙。据说大家都被壁纸所展现出来的真实性所震惊了。

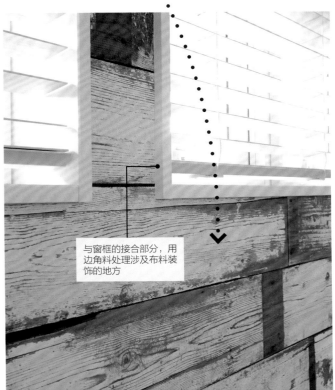

与窗框的接合部分，用边角料处理涉及布料装饰的地方

# 以高级胶合板地板营造高档的空间

## SANYU 都市开发 | 大阪府

SANYU 都市开发每年供应约 300 栋独立商品房。公司以现成的建材为基础，恰当地选择高品质建材，将它们进行创造性的组合。

为了与客厅挑高部分的窗户协调、统一，在简洁的墙壁上又添加了几扇窗户，非常富有韵律感。为了使其不过于扎眼，窗框被涂成了白色

墙壁上安装 LED 壁灯"LGB87046"（松下）

一面墙壁上贴环保瓷砖（LIXIL）

纯白色踢脚线起到了小护墙板的作用（制造商：DAIKEN）

MISEL 电视柜（DAIKEN）

地板采用 ECHOUS 日本之树系列（银杏）（DAIKEN）

住宅好像一个"口袋"，客厅以白色为主调，设计简约，令人倍感温馨

LED吊灯LGB15054
（松下）

开放型铝质（DAIKEN）
扶手壁

与挑高天花板相连的二层餐厅兼厨房的下面，设置室内的"家族口袋"，和屋外的"户外口袋"构成两个储藏室

从地面通道（DAIKEN）可以到达正下方的巨大的地下储藏室

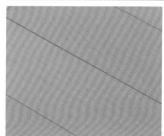

### ECHOUS 日本之树系列（银杏）

*DAIKEN*

由高级银杏木材制成的胶合板地板，具有触感温润的特性，而且不容易被弄脏或划伤。

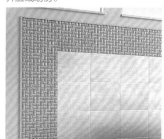

### 环保瓷砖

*LIXIL*

客厅墙壁的一面采用环保瓷砖，有两种材质可供设计使用。在这里，可以很好地调节挑高空间内大片的"白色"所带来的单调和压抑。

### 开放型铝质扶手壁

*DAIKEN*

防跌落的扶手壁遮挡了来自下方的视线；同时为了采光，采用磨砂玻璃。

### MISEL

*DAIKEN*

荧光白制品（镜面装饰）不会输给高品质的银杏地板，相反还能提升地板的质感。

# 以现成品打造
# 简约现代风格的 LDK

以白色为主调，用高品质的现成建材打造简约现代风格的客厅、餐厅兼厨房的一体化空间。

"口袋"住宅的设计宗旨是简约且温馨，材料基本上采用"日本之树系列（DAIKEN）"。

由白色木材制成的榻榻米填充材料和门窗框

与客厅相连的和室可以容纳6个榻榻米，功能丰富。因其处于封闭状态，为了透光要注重素材的选择，在障子上采用和纸，实现客厅与和室的完美协调

乳白色无边榻榻米（DAIKEN），温和型

## 与客厅相连的现代风格和室宽敞且明亮

客厅以白色为基调，宽敞而明亮，所以和室也要注意装潢时的明亮度。

### 门窗的拉门

门窗的拉门是木质的，简约、纤细的格棂和谐地融入和室。

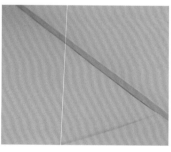

### 榻榻米填充材料

榻榻米填充材料是纯木的。

### TH3716
富田

高光的淡灰色布质装饰材料与现代风格的白色空间相得益彰，如果自己上木质花纹就更好了。

### 榻榻米（DAIKEN）温和型
DAIKEN

和纸榻榻米质地温润且耐污耐晒，不输于银杏地板。

### SG771
三月

天花板装饰采用质感厚重的布质材料。和室地板的素材也颇具质感。

墙壁贴装具有凹凸质感的瓷砖（LIXIL）

# 墙壁装饰
# 活用贴瓷砖

玄关天花板采用充满动感的切割石和极具凹凸质感的瓷砖。

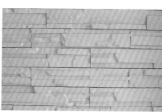

## 极具凹凸质感瓷砖
**卜 LGR-R ／ SIE-11K**

LIXIL

玄关大厅土间的地面铺设 CNT-1瓷砖（LIXIL），质感厚重。

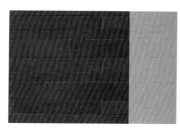

## 环保瓷砖

LIXIL

和室的墙壁上贴装环保瓷砖，品质上乘且外观别致。

墙壁贴装环保瓷砖（LIXIL）

# 和室内铺设
# 极具质感的壁纸

在现代风格的和室内铺设极具质感的壁纸。

壁纸采用型号SG795（三月）的布质材料，仿佛掺入金箔般质感厚重

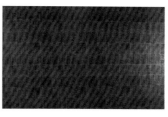

## SG798

三月

布质壁纸仿佛掺入金箔般质感厚重，营造了平和的空间氛围。

137

## 图书在版编目（CIP）数据

住宅设计解剖书．家具与材料设计法则 ／ 日本 X-Knowledge 编；刘峰译． -- 南京：江苏凤凰科学技术出版社，2015.5

ISBN 978-7-5537-4377-6

Ⅰ．①住… Ⅱ．①日… ②刘… Ⅲ．①住宅－室内装饰设计－日本 Ⅳ．① TU241

中国版本图书馆 CIP 数据核字 (2015) 第 083055 号

江苏省版权局著作权合同登记章字：10-2015-057 号

SENSE WO MIGAKU JYUTAKU DESIGN NO RULE 4

© X-Knowledge Co., Ltd. 2014

Originally published in Japan in 2014 by X-Knowledge Co., Ltd. TOKYO,

Chinese (in simplified character only) translation rights arranged with

X-Knowledge Co., Ltd. TOKYO,

through Tuttle-Mori Agency, Inc. TOKYO.

## 住宅设计解剖书　家具与材料设计法则

| | |
|---|---|
| 编　　　者 | （日）X-Knowledge |
| 译　　　者 | 刘　峰 |
| 项 目 策 划 | 凤凰空间/陈　景 |
| 责 任 编 辑 | 刘屹立 |
| 特 约 编 辑 | 艾　璐 |

| | |
|---|---|
| 出 版 发 行 | 凤凰出版传媒股份有限公司<br>江苏凤凰科学技术出版社 |
| 出版社地址 | 南京市湖南路1号A楼，邮编：210009 |
| 出版社网址 | http://www.pspress.cn |
| 总 经 销 | 天津凤凰空间文化传媒有限公司 |
| 总经销网址 | http://www.ifengspace.cn |
| 经　　　销 | 全国新华书店 |
| 印　　　刷 | 天津市银博印刷集团有限公司 |

| | |
|---|---|
| 开　　　本 | 889 mm×1 194 mm　1 ／ 16 |
| 印　　　张 | 8.75 |
| 字　　　数 | 112 000 |
| 版　　　次 | 2015年5月第1版 |
| 印　　　次 | 2015年5月第1次印刷 |

| | |
|---|---|
| 标 准 书 号 | ISBN 978-7-5537-4377-6 |
| 定　　　价 | 59.00元 |

图书如有印装质量问题，可随时向销售部调换（电话：022-87893668）。